没有人规定你是谁。你在镜子前看着自己，能因为活出自我而微笑，找到生命里点点滴滴的快乐，才算没有白来这个瑰丽的星球。

生命至为灿烂，又永不重来。那些真正找到自己的人，会发自内心地敬之畏之，并轻轻地告诉世人：众生虽苦，还望诸恶莫作。

就像流星的光芒再璀璨，蝴蝶的舞姿再动人，都是短促而脆弱的刹那芳华。只有剑，接近永恒。

所有漂泊的人生都梦想着平静、童年和杜鹃花，正如所有平静的人生都幻想着伏特加、乐队和醉生梦死。

（李野林　画作）

当自由的大门打开时，人们朝哪个方向奔跑？

（李野林　画作）

幸运的是，在喧哗与躁动中，我找到了王阳明。他让我明白，知道做不到，等于不知道；让我明白，去私欲可以让人快乐，可以跳出意识的层面，穿透因缘和合的「假我」把握事物的本质。

你可以不面对他人，但不得不面对自己。不管你走到地球的任何角落，拥有多少同类，你的内心世界只有你自己在感受，与你相依相伴的也只有你自己。

当你老了的时候，回首一生，检视有多少时间真正属于自己，你会发现如果你有许多想干而又干成了的事，那么这一辈子不管是穷是富，有名无名，你都是最成功的。

命运反复无常，你要洞察人心

吕峥—— 著

中国出版集团

现代出版社

图书在版编目（CIP）数据

命运反复无常，你要洞察人心 / 吕峥著 . -- 北京：现代出版社，
2019.6

ISBN 978-7-5143-7737-8

Ⅰ . ①命… Ⅱ . ①吕… Ⅲ . ①成功心理—通俗读物
Ⅳ . ① B848.4-49

中国版本图书馆 CIP 数据核字 (2019) 第 058674 号

命运反复无常，你要洞察人心

作　　者：吕　峥
责任编辑：张　霆　袁子茵
出版发行：现代出版社
通信地址：北京市安定门外安华里 504 号
邮政编码：100011
电　　话：010-64267325　64245264（兼传真）
网　　址：www.1980xd.com
电子邮箱：xiandai@vip.sina.com
印　　刷：三河市南阳印刷有限公司

开　　本：880mm×1230mm　1/32
印　　张：8.5　　　　　　　　字　　数：159 千
版　　次：2019 年 6 月第 1 版　　印　　次：2019 年 6 月第 1 次印刷
书　　号：ISBN 978-7-5143-7737-8
定　　价：45.00 元

世间已无桃花源？

"美好药店"乐队有首歌叫《老刘》，歌词来自报纸上的一则新闻："昨天下午三点三十分，家住朝阳区甘露园南里的刘老汉，从自家五楼的阳台上跳下，抢救无效，当场死亡。老刘七十多岁，平时一个人住，很少下楼，也就是去买买菜。有个女儿，偶尔来看看他。老刘在跳楼的时候，用一块布裹住了脑袋，这样鲜血就不会溅到地上。"

听这首歌时，我临近毕业，从宿舍搬到学校对面一个小区的合租房里。途中，行李箱的万向轮摩擦地面发出冰冷单调的声音，浓厚的漂泊感夹杂着雾霾特有的味道飘荡在空气里。

合租房一到晚上就很热闹，每个人都活得热气腾腾，相信自己很快便能离开这里。我的隔壁住了一对大学生情侣，他们说着学校的事，吵得不可开交，讨论出国。很长一段时间里，他们就像是我没见过面的朋友。

直到一天清晨，我看见他们出门。男生去买煎饼馃子，女生站在小区门口等他。北风如刀，我路过时匆匆瞟了一眼。此后再也没见过他们。

他们还好吗？他们分手了吗？众生太苦，情情爱爱不过是过眼云烟。说好来日方长，一不小心就后会无期。经历得越多就越知道，生、老、病、死、怨憎会、爱别离、求不得才是生活的全部真相。而人生，就是在得不到的痛苦和得到后的空虚之间徘徊不断、连续出现的欲念。

上帝限制了我们的力量，却给了我们无穷无尽的欲念。

人们为了得到而追寻，可具体追寻的是什么又难以界定，就像那出残酷而真实的话剧《暗恋桃花源》。

两个剧组阴差阳错地在同一个舞台上排练话剧，争抢场地。一个叫《暗恋》，一个叫《桃花源》。

《暗恋》的主人公江滨柳躺在病榻上，望穿秋水，终于等到阔别了半个世纪的恋人云之凡。当初以为短暂分离，孰料竟是数十载光阴。两个老人白鬓成霜，无语凝噎，思绪飞回了民国。那年，毕业于西南联大的江滨柳同云之凡在上海坠入爱河。

围巾、信件、街灯、秋千，这些意象在因战乱而错失爱人的江滨柳的余生里成为其不死不休的执念，即使他成了家，也始终无法忘怀那个留着乌黑长辫的白衣少女云之凡。

江滨柳矢志不渝地登报寻找自己的"山茶花"，在弥留之际等来云之凡后却讽刺地发现她也久居台北。当年，与江滨柳失之交臂后，云之凡亦曾苦苦等候。直至有一天，她坚持不住了——"不能再等了，再等就老了"，遂嫁人。

世事吊诡，沧海桑田。即便两人执手相看泪眼，回忆还是泛起了黄斑，山茶花也早已不是江滨柳记忆中的模样，甚至比他更现实。

病房外，江滨柳的妻子默然无语。几十年相敬如宾，却也只是相敬如宾。江滨柳守着心头的朱砂痣，不诉过往，不敞心怀，宁愿把故事说给懵懂的小护士听，也不肯与枕边人倾吐半分。

待云之凡离开后，江太太只是静静地回到病房，轻抚哭泣的丈夫。

爱是恒久虚空，是幸福的徒劳。

导演的叫停打破了舞台上的时空。他频频叹气，总是不满于演员没把江滨柳这个角色演出时代的孤独感，没把云之凡这个角色演成一朵纯洁的白茶花。他甚至绝望地埋头自问："不对啊，不是这样的啊！"却在被问"哪里不对时"说不出个所以然。

于是观众明白了，《暗恋》大约是导演自己的故事，是他无法释怀的白月光。

另一个剧组的《桃花源》是一出嬉笑怒骂的喜剧，却蕴含着比《暗恋》更深的悲。

武陵人老陶打不开酒瓶咬不动饼，窝囊至极。其妻春花与袁老板偷情，深爱妻子的老陶却只能到河的上游去打鱼，痛苦到要寻短见。

因缘际会，他误入了桃花源，发现一男一女两个原住民。男的酷似袁老板，女的颇类春花。在他们的教化下，老陶无欲无求地过了段无忧无虑的日子，却始终放不下春花。他想把妻子也带到这桃源仙境，回家后却发现春花已和袁老板结婚。

出人意料的是，曾经心心念念要和对方在一起的春花与袁老板如愿以偿后，生活同样一地鸡毛。但不管两人如何争吵，老陶还是无法介入其中，仍是多余的人。他想重返桃花源，可惜再也找不到路了。

从头到尾，老陶努力过，挣扎过，离开过，回来过，却始终无法真正舒心。一切都像窦唯的歌里唱的那样："幸福在哪里？"

如果说《暗恋》在讲"求而不得"，那么《桃花源》想表达的无非是不管你在此岸与彼岸之间如何身手矫捷地穿梭，桃花源永远是一场可望而不可即的幻梦，就像《仙剑奇侠传》里神木林深处的桃花村。

"老陶"爱春花，爱到可以为她去死，爱到做了神仙也要回家找她；"春花"想过更富裕的生活；"袁老板"奉行的是"想要什么，就冲过去抢"。他们都在追梦，仰望空中花园，直至黄粱梦醒，发现空空如也，唯余天意弄人后的荒诞无力，悲凉孤寂。

生死疲劳，皆是徒劳。

回到现实，当《暗恋》与《桃花源》两个剧组被迫同台排演时，台北病房里桃花飘零，时钟则出现在了武陵。一个大呼小叫的疯女人又冲上台寻找刘子骥，她说："那一年，在南阳街，有一棵桃树。桃树开花了，刘子骥，每一片都是你的名字，每一片都是你的故事。"

陶渊明在《桃花源记》的结尾写道："南阳刘子骥，高尚士也，闻之，欣然规往。未果，寻病终。"

刘子骥因找寻桃花源而至病终。疯女人问遍剧组里的每一个人，也没有找到刘子骥，逐渐走火入魔。剧的末尾，她将一捧桃花瓣抛向空中，一时间落英缤纷，漫天飞舞，作为舞台布景的一整面桃树应声而倒。那一刻，始知芸芸众生皆是疯女人，终其一生都在寻觅那个找不到的刘子骥（"留自己"）。换言之，参一生参不透"我"。

生如悬崖坠地，死是必然结局。定义自己在这个世界上的独特性，是对抗死亡焦虑的唯一办法。或者说，与世界建立健康的连接，是获得人生意义的重要途径。

王国维认为，人心一个最基本的特点便是无时无刻不在运动。你可以想东，也可以想西，但完全不去想任何事，很难做到。心只有充分活动起来才能获得快感，一旦无所事事，就会陷入苦痛——这是一种"消极苦痛"，即百无聊赖，混吃等死。

与之相对的是"积极苦痛"，比如你夙兴夜寐，努力上进，却不为领导赏识，遭到同事忌恨。虽说也很难受，但内心一直都在剧烈运动，顺应天性，故依然包含着快乐的元素。

相比之下，"消极苦痛"因违背心性，更加难以忍受。人们为了免除此苦，在工作之余的闲暇时间发明了种种"消遣"，从而产生了种种嗜好。清代词人项鸿祚在解释自己为何填词时说："不为无益之事，何以遣有涯之生？"无论嗜好是雅是俗，就解除"消极苦痛"而言，并无高下之分。

而另一方面，叔本华将人的欲望分为"生活之欲"和"势力之欲"。生活之欲就是"要活"，就是生存与繁衍；势力之欲就是"要赢"，就是食色皆有、稳定自足后想在物质和精神层面压倒别人。

势力之欲解释了奢侈品和"氪金网游"（需要大量充钱购买稀有装备的网络游戏）存在的意义——满足"炫耀性消费"，把我和其他人区隔开来。

由此可见，商品的价格与其成本关联不大，而与供求关系和购买者的主观感受密不可分。即使在物质极大丰饶的未来社会，人与人之间的竞争依旧不会消失，很多商品依旧会贵到让大多数人都买不起。

所幸有一样东西，无分贵贱地满足了所有人的势力之欲，那便是"故事"。无论故事的表现形式是小说、戏剧还是电影，当人们看悲剧时，因同情角色的命运而潸然泪下，宣泄了压抑已久的情绪；当人们看喜剧时，因角色的荒唐表现哈哈大笑，找回了优越感和自信心——这种精神领域的"游戏"，都在替混沌无常的宇宙做"减熵"。

人生苦短，岁月匆匆，幸好还能创作。文学的功用，也许就是安慰人类永恒的孤独，顺便对抗乏味和虚无。

行文至此，忽然想起穆旦说过的一句话："这才知道我全部的努力，不过是完成了普通的生活。"

CONTENTS

目录

第一章

天：

无灵魂者因法执而苦，有灵魂者因我执而苦

因为相信，所以看见

《韩非子》里有篇寓言叫"郢书燕说"。讲的是一个楚国人夜里给燕国的相国写信，觉得灯火昏暗，便对仆人道："举烛。"说的时候没停笔，他一不留神把"举烛"二字写到了信上。

燕相读信时，对与上下文毫无关联的"举烛"大惑不解，进而强迫症发作，琢磨起其中的含义来。他费尽思量，终于有一天如梦初醒般大喜道："举烛，就是崇尚光明的意思，呼唤政治清明。而欲政治清明，必须举贤任能。"

于是将心得体会上报给燕王。燕国据此施政，很快实现大治。

一个笔误居然产生了深远的影响，韩非总结道：这是信本身的力量吗？肯定不是，而是看信人的力量。

这不禁让人想起另一则故事，说从前有个喇嘛，一天晚上走山路，四周一片漆黑。突然，他看见一户人家，窗户里透出耀眼的光芒。

喇嘛很好奇，认定屋子里住着得道高人。谁知进去一看，只有一个寡居多年的老太婆。

老太婆年轻时，别人教她念六字大明咒"嗡嘛呢叭咪吽"。对方误将"吽"读成了"牛"，老太婆也便错着念了几十年。喇嘛替她纠正了错误，欣然上路。

过了些时日，喇嘛走夜路又经过那间屋子，发现老太婆按照正确的发音在念，周围的光芒却没有了。他想了想，推门而入，对老太婆说，其实你没念错，上次我只是想试一试你的信心。

喇嘛转身离去，背后传来最初的念法。回头一看，整个屋子再次光芒万丈……

有个段子是说某人到寺庙游玩，看见"心中业物"四个字，心灵受到撞击，顿悟道："每个人心中都有业有物，这是人之所以不幸福的根源。我们应该抛掉'业'，去掉'物'，回归本心，才能成为自己的主人。"

他将感悟当作信条，决心过与以往截然不同的生活。直到有一天，脱胎换骨的他跟朋友聚会时被问及为何看上去变了，乃据实回答。

朋友苦笑道："什么'心中业物'，明明就是'物业中心'。"

三个故事角度不同，但都展现了信仰的魔力。人生几十载，与天地长久相较，如梦又似幻。凡人皆有一死，王朝终有尽时，离了"相信"二字，怕是一天也活不下去。

王阳明讲"心外无物"，正是此理。心外之物，只有和你的心建立了连接，才能称之为物。而这个物已不是其本身，它被你的心重新诠释，成了你的物。

比如"清泉石上流"，会发出声响。你在泉水和石头身上都寻不到响的理，只有用心琢磨，才会明白响声是二者的相互作用产生的。这就是《人间词话》里的"有我之境"，就是"泪眼问花花不语，乱红飞过秋千去"，就是"落花人独立，微雨燕双飞"——自然现象被赋予了主观意义。

不在事物而在心上寻求理，便是用心。凡事用心，必得其理，是为"心即理"。

心外没有天理，也就没有权威。因此，要勇于挑战权威，打破权威，做一个思想独立、精神自由的人，而不是被条条框框绑住手脚，人云亦云。

王阳明初到庐陵做官时，发现一堆苛捐杂税以法律之名堂而皇之地施行。法律看似神圣，但也是由人制定的。有人凭良知定，有人凭私欲定。私欲的产物过不了王阳明心里那关，所以是错的。王阳明请求上级废除相应的法条，否则宁可不当这个知县。

由此可见，心即理不是说当个境界很高的"自了汉"就 OK 了，更重要的是"此心在物则为理"，落实到具体而微的事上。

世事纷扰，不必奢谈什么工匠精神，改造世界。总盯着外在的目标，往往会导致人格扭曲，误入歧途。而只要"用心"，则必明天理，必有所成。

为什么王阳明对"向内求"的路径如此笃定？因为人人都有能知是非善恶的良知，好比《星球大战》里的"原力"。

良知就是良心加判断力。它固然有伦理层面的意义，但"知良知"并不等同于"讲道德"，否则勤俭节约的道光也能算千古一帝了。事实上，成就王阳明那些璀璨事功的并不是单纯的美德。

南赣戡乱期间，对山贼何时剿、何时抚；何时示诚、何时使诈——王阳明的手段可谓运用之妙，存乎一心，给成都武侯祠著名的攻心联"能攻心则反侧自消，不审势即宽严皆误"做了完美的注脚。

对人和事迅速精准的洞察与抉择是良知的洪荒之力，它轻而易举地击碎了哪怕最巧妙的伪装，使那些看上去正义凛然实则猥琐不堪的赝品无所遁形，参破万事万物的真相，宛若高悬的明镜，虽魑魅魍魉千变万化，亦一触即溃。

镜子应当"物来能照"，除非蒙尘。私欲之尘是知行合一最大的障碍，因为"良知不由闻见而来，但闻见会遮蔽良知"。

通俗地讲，知行合一就是"如果你在内心决定要做什么，而这个决定是真诚恻坦的，那么它本身便是行为"。比如你被雷劈，不可能被劈到时还想一想要不要倒下，而是立即倒下，没有任何间隔，这叫"知行合一"。

"知"不是知道，也不是知识，而是人的直觉，是与生俱来的良知。它感应神速，无须等待，圣明烛照，妍媸自别，用王阳明的话说便是"本心之明即知，不欺本心之明即行"。换言之：真实无妄不自欺就是知行合一。

一事当前，按照良知的第一声断喝坚定去做，不过度思虑，优柔寡断。譬如见童子坠楼，正常人条件反射必会冲过去救；见牛被宰割时流泪，也会产生恻隐之心。这些都是人之常情，但为何现实生活中数见不鲜的恰恰是知行不一？

电影《闻香识女人》里，阿尔·帕西诺说："如今我来到人生的十字路口。我总是知道哪条路是对的，毫无例外我知道。但我从来不走，为什么？因为太难了！"

就像毒鸡汤所讲的那样：没有人能让你放弃梦想，你自己试试就会放弃了。

人的一生要面临无数选择，良知会告诉你正确的路。只有把良知奉为信仰，服从到盲从的地步，知行合一才会成为一种本能，继而避免心不在焉乃至天人交战的工作状态，提高人生效率，无论面对什么挫折都能义无反顾，坚持到底。

而那些知行分离的人，因为想得太多，无视良知的棒喝，饱受私欲的折磨，浪费时间，耗散精力，在瞻前顾后、患得患失中蹉跎了大好的青春。面对理直气壮、斗志昂扬的知行合一者，只能自惭形秽，自叹不如。

当你老了的时候，回首一生，检视有多少时间真正属于自己，你会发现如果你有许多想干而又干成了的事，那么这一辈子不管是穷是富，有名无名，你都是最成功的。

　　一切都如哲人所说的那样：水晶般的目的，要用水晶般的手段来达到。

拥有底线，比出人头地更重要

刘慈欣的小说《诗云》讲述了一个耐人寻味的故事：某宇宙超级生命来到地球，有人问它，你能作出超越李白的诗吗？它耗费了无数能量，将汉字组合的每一种可能都罗列了出来，最后无奈地说：这里面一定存在超越李白的诗，但我找不出来。

《三体》里，当太阳系被降维攻击时，颠顸的人类终于明白，如果世界注定即将毁灭，唯一重要的事便只剩下"如何证明我们存在过"。

《2001太空漫游》里，那个默然不语的神秘石板久久地凝视着人类的进化。电影上映之初，一个观众激动不已地冲到银幕前，张开双臂高声道："这就是上帝！"

《银翼杀手》里，被创造出来从事危险工作的复制人不甘心只有四年阳寿，逃跑并寻找延命之法，却被前来追杀的主人公逼至绝境。

临死前，看似冷酷无情的复制人竟在滂沱大雨中吟诵出如莎士比亚十四行诗般绚丽的遗言：

> 我见过人类无法想象的壮美，
>
> 见过太空战舰在猎户星座旁熊熊燃烧，
>
> 注视万丈光芒在天国之门的黑暗里闪耀。
>
> 所有的那些记忆都将消失于时间，
>
> 如同泪水消失在雨中……

总有一天我们都会死去，正如纳博科夫所说："就像一道短暂的光缝，介于两片永恒的黑暗之间。"又如博尔赫斯所言："无法阻挡时间的流逝，是我们永远处于焦虑不安之中的原因。"

对意义消散的恐惧，贯穿生命的始终。

起初，我们是"麦田里的守望者"，看透了世界的平庸并愤怒不已。但萨特说："人是一种在特殊性与普遍性之间无休无止、软弱无力的来来往往。"对自我实现的渴望，总能激发人性中不安于现状的一面，冀求摆脱共性迈向个性。而一旦开始，这种内外之间的游移不定就成为一切苦痛的源泉。命运的锁链越铰越紧，逐渐妥协了、接受了，与现实融为一体，乏善可陈地活着。世界越来越坚固，你对现实基本无能为力。人一天天老去，奢望也一天天消失，最后变得像挨了捶的牛一样。

寻求意义而不可得的茫然与空虚，乃生命中无法承受之轻。物质的丰饶使人生的困境早已不是活不活得下去的问题，衣食无忧人畜无害似乎没有任何理由不开心的人，也可能偏偏因为绝望而自杀。

幸运的是，在喧哗与躁动中，我找到了王阳明。他让我明白，知道做不到，等于不知道；让我明白，活着不是为了迎合别人的期待；让我明白，所谓启蒙，不是谁去教化谁，而是"人摆脱自身造就的蒙昧"；让我明白，人生永远追逐着幻光，但谁把幻光当作幻光，谁便沉入了无边的苦海；让我明白，去私欲可以让人快乐，可以跳出意识的层面，穿透因缘和合的"假我"把握事物的本质；让我明白，求之于心而非，虽其言出于孔子，不敢以为是。求之于心而是，虽其言出于庸常，不敢以为非。

让我明白，作为人，何为正确。

然而，道德与规则孰轻孰重？群己权界到底在哪？为了厘清制度和文化的关系，我开始创作《中国误会了袁世凯》。

从改良旗手到独夫民贼，袁世凯的转变无非为"路西法效应"再一次做了注脚。"中华民国"是亚洲第一个民主共和制国家，比君主立宪制的英国和日本都走得更远，却未能摆脱兴勃亡忽的周期律，不禁让人怀疑：在这片土地上制定规则的唯一目的似乎就是破坏它，莫非人人都会变成自己曾经反对的那个人？

胡适曾经提出"好人政府"的概念，主张由社会贤达把政治作为一项事业来经营。但历数北洋政府的内阁总理，从唐绍仪到熊希龄，皆为一时之选，却劳而无功，不得不令人对政治道德化深表怀疑。

以嘉庆皇帝为例。庙号"仁宗"的他亦步亦趋地按照圣德典范行事，如履薄冰，戒慎恐惧，连唯一的娱乐"木兰秋狝"也是带着天子的使命，表演列祖列宗的尚武传统，以至于打猎的流程严丝合缝地依样画葫芦，毫无嬉戏的影子。如此完璧无瑕的人君之表却无法挽狂澜于既倒，对通体皆烂的官僚体系束手无策，乃至孕育出曹振镛这等以"多磕头，少说话"为做官心诀的军机大臣，其悲哀不下于万历年间面对政以贿成的现实不得不用抽签来遴选官员的吏部尚书孙丕扬。

事实上，政治的首要目标是解决现实问题，而不是争论是非曲直。就社会治理而言，功利主义的代表边沁远比儒家的王道仁政更接地气，比如其"环形监狱"的构想：监狱中央设一监视塔，看管者可以监视囚犯，囚犯却无法窥见看管者。边沁建议，将环形监狱承包给私人运营，收益即罪犯的劳动所得，以节省政府开支。

又如"乞丐管理"。边沁认为，无论悲悯还是厌恶，遭遇乞丐都会降低路人的幸福感，并对政府不满。因此，最好把乞丐从街头赶到救济院里。问题是建造救济院会增加纳税人的支出，违背"使社会全体快乐最大化，痛苦最小化"的功利主义原则。边沁的解决方案是：任何遇到乞丐的公民都有权将之带到最近的救济院。乞丐在救济院必须工作，以换取其生活费。从而，"乞丐管理"的计划自给自足。并且，为了调动路人的积极性，边沁还提议，每抓住一个乞丐便奖励 20 先令。奖金会记在该乞丐的账单上，由其劳动报酬支付。

　　对功利主义的反对集中在其忽视个体权利，可能沦为"多数人的暴政"上。没有一劳永逸的答案，也没有完美的世界图式。认为一个人、一个概念就能彻底解决现实问题，如果不是无知，就是智力上的懒惰。从这个角度看，在政治的动态演进中，文化和制度互为表里。文化是制度的土壤，制度是文化的保障。早在西汉，路温舒就用《尚德缓刑书》呼吁言论自由，并以"乌鸢之卵不毁，而后凤凰集；诽谤之罪不诛，而后良言进"的华丽辞藻入选《古文观止》，但遍览青史，因言获罪者俯拾皆是——没有用制度的形式确立下来，再美的文化也只是昙花一现。

　　《银河英雄传说》有言："星星都会灭亡，国家为什么要永远存在？需要人民付出巨大牺牲才能存在的国家，还是马上灭亡的好。"

　　都是从茹毛饮血的时代一路走来，民主和自由根本就不是哪个国家的专利，西方历史上也不乏查理一世、路易十五这样的暴君。但自 1859 年约翰·密尔在《论自由》里写下"那些被迫噤声者，言说的可能是真理。否认这一点，意味着我们假设自己永远正确"，人类终于意识到，如果每个人都能享有一份发言权，即使是毫无理性或极端保守的人也不例外，那么人性的良知将会在所有可能性中进行挑选并作出正确的抉择。

　　没有任何一个文明是因为其公民了解了太多的真理而招致毁灭的。

然而，freedom is not free，自由从来都不会从天而降。《美国宪法第一修正案》寥寥数十字，规定国会不得制定关于剥夺言论和出版自由的法律，之所以至今不可动摇，绝不是靠开国先贤的御笔朱批，亦非凭借法律机器的刀锯鼎镬，而是通过两百多年的司法实践，一个个具体而微的审判，有惊无险地驶过各种暗礁险滩，方才成为汉谟拉比石柱上的不刊之论。

它既非宗教，也非主义，而是自文艺复兴以降的理性精神，是人类对个体遭遇不公和蒙受苦难的不可遏止的同情，是由最高法院大法官敲响的恢宏圣音：

> 那些为我们争得独立的先辈们相信，幸福源于自由，自由来自勇气……公共讨论是一项政治责任，也应该是美国政府的根本原则。先辈们认识到，所有人类组织都会面临种种威胁，但他们明白，一个有序的社会不能仅仅依靠人们对于惩罚的恐惧和鸦雀无声来维持。不鼓励思想、希望和想象才是真正的危险。

同所有历史进程一样，对《美国宪法第一修正案》的探讨和实践亦有反复，《防治煽动法》《防治间谍法》以及麦卡锡主义都曾使宪法蒙尘。但追求自由的火种从未熄灭，正如布伦南大法官接过前辈的衣钵，在判词中写道：

　　对公共事务的讨论应当不受抑制、充满活力并广泛公开。它很可能包含了对政府官员的激烈、刻薄甚至尖锐的攻击。公民履行批评官员的职责，如同官员恪尽管理社会之责。

　　的确，自由辩论中错误在所难免，如果自由要找到赖以生存的呼吸空间，就必须保护错误的意见。只有让意见与意见较量，用理性激发理性，真理才能在流通的言论市场上得到检验。

　　1965 年，美国参众两院通过《信息自由法》，要求政府部门公开信息。约翰逊总统一拖再拖，最后极不情愿地签署了法案。

　　很快，技术的发展消除了交流中的窒碍，抹平了传播学里的"知沟"，信息传播的效率一日千里。但随之而来的是"信息疲劳"，即"因为暴露在过量信息当中而导致的漠然、冷淡或心力交瘁，尤其指由于试图从媒体或工作中吸收过量信息而引致的压力"。(《信息简史》)人们难以在信息爆炸的互联网上找到一条独立思考的路径，更多的是成为情绪的奴隶、偏见的附庸。人性的丑恶被空前放大，但这激起的不是悔改与反思，而是更多的阴暗。

　　世界仍有重返古拉格群岛的危险，奥威尔对信息被集权政府垄断的担忧并非多虑。但与此同时，赫胥黎在《美丽新世界》中描绘的更加恐怖的画面正鳞次上演。不再有人禁书，因为没人看书；不再有人隐瞒真相，因为没人关心真相；不再有人控制言论，因为大众早就在浩如烟海的信息里失去方向，麻木不仁。一切都如波兹曼在《娱乐至死》里呈现的那样：被广告和软文淹没、把思考防线拱手相让的人类贪婪地吸食着精神鸦片，宛若电影《梦之安魂曲》里的老太太，整日抱着电视，不辨真假，安静腐烂。

媒体是现实世界的隐喻，普通人对世界的认知，很大程度上依赖于其所接触的媒体。

但就像宋代思想家张载区分"闻见之知"和"德性之知"一样，知识与智慧有着本质的不同。即便孔子号称"韦编三绝"，也早已赶不上现代人的阅读量。而即使把春秋时全天下的竹简搜罗到一起，也没有社交媒体一天的信息量大。

问题是，六祖惠能不识字，你能说他没智慧？

诵经三千部，曹溪一句亡。

如果说知识是做加法，看到事物的不同；那智慧恰恰相反，是通过去除盖在真相上面的东西，看清事物的本质和相同。

人的一生都生活在求而不得的痛苦之中。酒桌上、手机里，每天都听到、看见无数与己无关却使焦虑成倍放大的垃圾信息，却从没想过其实远离喧嚣，才会成功。

重塑社会价值观，是时代的题中应有之义。但在写作《非如此不可：顾准传》的过程中我意识到，它不能完全依赖政府。因为一部中国古代史，就是一段"道统"被"治统"打压、利用和欺瞒的历史。无论激进还是保守，德治还是法治，刘歆还是朱熹，任何一种思想，一旦被统治阶级定为正统，几乎都会变成同一个模样。

当年，法国大革命爆发后，吉伦特派、山岳派、雅各宾派走马灯似的你方唱罢我登场。直到罗伯斯·庇尔掌权，清除异己，恐怖专政，将制度革命推演为文化革命，建立精神乌托邦，却最终身死人手，唯余理想国轰然倒塌后的一片废墟。令人唏嘘的是，罗伯斯·庇尔是卢梭的狂热粉丝，一直致力于将偶像的哲学思想运用到政治实践当中。而写出《论人类不平等的起源和基础》以及《社会契约论》的卢梭，其核心思想正是天赋人权，人人生而自由平等……

对此，顾准反思道："革命家最初都是民主主义者。可是，如果革命家树立了一个终极目的，而且内心相信这个终极目的，那么，他就不惜为了达到这个终极目的而牺牲民主，实行专政。"

一切正如顾准在《从理想主义到经验主义》中所说："地上不可能建立天国，天国是彻底的幻想。矛盾永远存在，没有什么终极目的，有的，只是进步。"

归根结底，政治学的内涵应当是"对最高权力进行限制"，而不是为其涂脂抹粉，把某个人、政党或者国家送上至高全能的宝座。

重塑社会价值观的力量应当来自民间，比如近代以来的士绅阶层。从写作《盛世危言》的买办郑观应，到公然抗命的银行家张公权，再到清末咨议局里推动立宪的张謇、汤寿潜等实业家——在董仲舒写下"正其义不谋其利"的两千年里，商人从未如此华丽地在历史舞台上集体亮相。

"民不加赋而国用饶"是历代改革家的共同愿景。虽说为了促进商品流通不乏"唯官山海而已"（除盐铁国家专营外，放活微观经济）的政令，但一俟国库告急，"金杯共汝饮，白刃不相饶"，汉武帝为敛富人之财而颁布的"告缗令"即为明证。

1894年，盛宣怀奉李鸿章之命接手官督商办的上海机器织布局。他担心企业步入正轨后被政府收回，向幕主建议道："股商远虑他日办好，恐为官夺，拟改为'总厂'，亦照公共章程，请署厂名，一律商办。"从"织布局"到"织布厂"，一字之易，大有微妙。而以盛宣怀浸淫官场之深，亦惧政府朝令夕改，过河拆桥，日后刘鸿生、卢作孚的悲剧，可以想见。

不过，商人若转变观念，把攀附权贵的精力放到思考如何重建溃败的社会上，《大明王朝1566》里的丝商沈一石的悲剧并非不能避免……

一个人占有得越多，就被占有得越多，这是最简洁的辩证法。

老子说："常德不离，复归于婴儿。"我们都曾没有焦虑、竞争和压力地存在着。饿了，向母亲哭喊；饱了，则甜甜睡去。周遭的一切，无不新鲜美好；任何东西到了手中，都能变成有趣的玩具。我们拥有本自具足、不假外求的充实和喜悦，同世界浑然一体。

然而，随着年龄渐长，我们产生了对立分别的意识，与万事万物割裂，开始区分我的、你的，好的、坏的，美的、丑的，对的、错的……原本完整的世界，塌陷出一道道巨大的鸿沟。而我们的生活，也成为一场与自我、与他人、与环境、与社会的无休无止的博弈和冲突，直到精疲力竭，百病丛生，年华老去，死亡降临。

弗洛姆认为，在古希腊，人们的生活目标是追求"人的完美"，可到了今天则一味追求"物的完美"，结果把自己变成了物，把生命变成了财物的附属。于是，"存在"（to be）被"占有"（to have）所支配。

在小说《熵》里，托马斯·品钦用一场混乱的公寓派对隐喻日益无序的后现代社会。热力学第二定律指出，能量可以转化，但无法百分之百利用。比如汽油的化学能可以转化为发动机的动能，但一定伴随着大量的热能与废气。这种转化过程中永远存在的无效能量，被称作"熵"。

由于任何粒子的常态都是随机运动，要使其呈现出"有序化"，必须耗费能量。热力学第二定律实际上是说当一种形式的"有序化"转化为另一种形式的"有序化"，必然伴生某种"无序化"（熵）。而因为能量交换每时每刻都在发生，从高温物体到低温物体，因此，封闭系统内，熵增不可逆，即越乱越混乱，好比无人打扫的房间。

这是宇宙的宿命——从有序开始，走向无序，直至熵值达到最大，陷入永恒的死寂。彼时，一切有效能量都消耗殆尽，不再有任何变化发生。那是时间之矢的尽头，人类文明的所有辉煌与灿烂届时早已化作齑粉，归彼大荒，如浪花消弭在大海之中。

技术手段越先进，商品交换越频繁，熵增的速度便越快，世界也越发支离破碎，后工业时代人的迷茫与孤独亦因此挥之不去。

但同时，人类始终没有停止"减熵"的努力。艺术家用意义对抗虚无，物理学家提出"麦克斯韦妖"的猜想，假设封闭系统内有个精灵日拱一卒地做功。其实，在死神永生的普世悲凉中，信息是熵增唯一的制衡。这是一种无损的存在，不像能量会散失，价值体现在被人读取。

从微观角度看，铁匠把铁打成镰刀，是一次"熵减"。但站在宏观层面，世界上的镰刀也许早就过剩，其实是做了"熵增"。铁匠应该打刀还是打犁，当由上游资本决定，投资人砸的是真金白银，自然会千方百计探求最有价值的信息。

约翰·多恩曾言："没有人是一座孤岛，可以自全。每个人都是大陆的一片，整体的一部分。如果海水冲掉一块，欧洲就减小，如同海岬失掉一角，如同你的朋友或你自己的领地失掉一块。任何人的死亡都是我的损失，因为我是人类的一员。因此，不要问丧钟为谁而鸣，它就为你而鸣。"

通过文字，我想找到这样一群人：他们同气连枝，坚守自我，全心全意，永不停息。他们"先问是非，再论成败"。当他们走完一生时，无论立言还是立功，皆已不再重要。一切都如凡·高对他弟弟所说的那样："没有什么是不朽的，包括艺术本身。唯一不朽的，是艺术所传递出来的对人和世界的理解。"

王阳明的释厄路

香港导演里，我最喜欢杜琪峰。

他的公司有一句口号，叫"银河映像，难以想象"。

难以想象的不仅仅是电影，最荒诞的剧情往往发生在现实生活里，因为"无常"永远不需要考虑自己剧本的合理性。

人的一生一次又一次被命运戏弄打击，即使你百折不挠，越挫越勇，它还有死神这张"王炸"。所谓人生，在叔本华看来，无非点缀着几个笑料的漫长悲剧。而快乐，不过是转瞬即逝的幻觉，求而不得时会感到痛苦，追求到了又觉得无聊，继而生出更高的欲望，开始新的轮回。

欲壑难填，苦海无边，生命宛若钟摆，无论贫富，不分贵贱，至死方歇。你以为你拥有自由意志，其实只需要一段电流的刺激，激起大脑皮层的兴奋，就能在心湖上荡起涟漪，冲动地做出可能改写一生的选择。

　　投资大师查理·芒格洞悉人性，总结了人的二十多条思维定式，它们像开关一样灵敏，一通电你就起反应。

　　比如投桃报李，以牙还牙。因为它，人类进化出了合作，可也有人利用它操纵人心——施以小恩小惠，使对方感激涕零，本能地想要回报，却因不擅长计算而落入陷阱。

　　比如排斥不确定性。人一旦陷入怀疑，总想立即作出决定。这是演化带来的毛病——远古时期，那些不能当机立断之人无不成为猎食者的盘中餐。因此，困惑和压力越大，人就越想摆脱眼前的处境。

　　比如一致性。人总是讨厌前后不一，依赖习惯。好习惯事半功倍，坏习惯纠正起来则事倍功半。喜欢一致性与拒绝不确定性一旦结合起来，将产生极为可怕的后果：盲目选择，冲动决定，然后永不改变。

　　比如厌恶损失，不惜冒巨大的风险来规避它。两个围棋高手对弈，一方犯错，造成亏损。若接受现实，稳扎稳打，未尝不能反败为胜。但若心浮气躁，立马拼命，多半溃不成军。"阿尔法狗"则不会如此，因为这道命门只属于人类。

　　比如对标。温水之所以能煮死青蛙，盖因每一刻若只同上一刻比，变化其实不大。人不擅长对孤立的事情做判断，而必须有参照物的辅助。购车时很多人会买配件，只不过因为跟汽车的总价相比，配件的价格微不足道，殊不知厂商的利润恰恰来源于此。

　　人性复杂，然不外乎贪、嗔、痴、慢、疑。朱熹曾说，有人奉身俭吝，却爱做官；有人奉身清苦，却很好色。弟子问，是不是前者要比后者好一些？朱熹当场否定，说一个人只要爱做官，杀父弑君的事他都敢干。

有鉴于此，王阳明提出，心才是身体和万物的主宰。常人跟着意识走，活在偏见里，认不清自身也看不透他人。就像刘再复所言："读书越来越多，脑袋越来越复杂，离生命的本真本原也越来越远，被语言和知识遮蔽，看不清世界的根本，倒不如回到婴儿的视角。"

王阳明认为，当心灵安定下来，不为外物所动时，本自具足的智慧便会显露出来。强大的内心能帮一个人完成不可能完成的任务，成王成圣。

然则谈何容易？尤其当人要同时遭受消费主义的异化和极权主义的压迫时。

古代社会有着鲜明的等级制度，普通人很难逾越。进入平民社会后，衡量一个人身份高低的外部标签逐一丧失，直至金钱成为唯一的尺度，大多数人都皈依了"商品拜物教"。

马克思有言："在以私有制为基础的商品经济中，商品所体现的人与人之间的关系表现为物与物的关系，而物则具有了一种神秘的力量，控制着人，让人崇拜。"

久而久之，人的存在感和存在价值被商品消费所替代，商品的含义也越来越广，从女人的身体到网络游戏里的虚拟道具，乃至对商品经济的反思和控诉，都已明码标价。而"财务自由"，赫然成为这个时代最大的谎言。

无论你月入五千还是五万，市场都不会让你的钱闲着。如果年薪百万，那还有国际学校和南极旅行在等着你。生产早已过剩，可资本主义大厦的基石却是消费。因此，发动每个人为其添砖加瓦的办法就是诱导他们周而复始地工作和购买。同时，制造匮乏，让人永不餍足，入不敷出，兜兜转转一辈子。

另外，失语造就了犬儒主义。这是理想破灭后的一种生存智慧，特点是怀疑一切，明哲保身，迷信权力，自欺欺人，将《菜根谭》《增广贤文》等古书里的"处世哲学"奉为真理，如"山中有直树，世上无直人""见事莫说，问事不知；闲事莫管，无事早归"。

曾几何时，犬儒也相信正义，是非分明，可冰冷的现实一次次无情地"教育"了他，使其彻底看穿，万念俱灰，不抱任何改变的希望，也不做任何改变的努力，玩世不恭，随波逐流，装傻充愣，奴颜婢膝，似乎一切坚固的东西都烟消云散，一切神圣的东西都被亵渎，只剩下一片虚无。

而这，正是龙场悟道前的王阳明耳闻目睹的世界。

迷失还是坚守？天公不语。

纵使天公开口，又能给出什么答案呢？宇宙越来越混乱，终极命运是"热寂"。届时，所有的星星都将熄灭，所有的地方温度都一样，再也没有流动的能量，诸般事物皆扩散成一种无序而无聊的状态，寂灭无声。

结局既已注定，人类的折腾还有什么意义？到头来不过是一场空。

佛陀早就认识到了"空"，认为万事万物都是无常无我的。无常者，沧海桑田，陵谷变迁，没有什么东西是永恒的；无我者，"自我"根本不存在。你是细胞的集合体，而细胞每时每刻都在死亡，都在生成，就像忒修斯之船悖论——你还是原来的你吗？你能主宰自己身体的变化吗？

觉悟到了"空"也就觉悟到了"凡所有相，皆是虚妄"，但若因此听天由命，随遇而安，便又成了云谷禅师点化前的袁了凡，沦为"法执"了。

王阳明意识到生是死的延续，死是生的转换。世界像一个圆，生住异灭，往复循环。但他没有陷入宿命论，而是谨记达摩的教诲：如果你害怕生活的激流，总想摆脱它，说明你执着于激流；而你越是与激流拼搏，遇到的阻力也就越大。到底该怎么办呢？应该同激流融为一体，直面恐惧，向死而生，在万丈红尘中完成自己的使命，度过这不得不过的一生。

这就好比古希腊的哲学流派"斯多葛主义"。

《沉思录》有言："在任何时候都要依赖理性，而不依赖任何别的东西，懂得在失去爱子和久病缠身的剧痛中镇定如常。"说此话的是罗马皇帝奥勒留，他是执掌大权数十年的贤君，也是一个斯多葛。

假设你蒙冤下狱，妻离子散，在暗无天日的牢房里忍受酷刑，你会怎么办？

普通人要么精神崩溃，要么怨天尤人，可一个斯多葛主义者会通过理性分析认为这些情绪对改善境遇毫无帮助，故而泰然自若。同时，他也懒得仇恨那些加害他的人，因为他们能损害的只是他的肉体和财富，与良知相比，这些并不重要。

斯多葛总是从宏观维度来看具体的某件事，明白所有局部的坏事都是整体当中必不可少的一环。换言之，你之所以看到丑恶，只是因为你目光短浅，缺乏上帝视角。

斯多葛信奉"天人合一"，认为宇宙是一个庞大的活物，山川草木都是它的组织和器官。因此，作为人，正确的生活方向就是同宇宙的目标保持一致。

宇宙持续"熵增"，终将湮灭。斯多葛在知晓这一结局后的选择是：既不消极避世，也不沉迷物欲，而是"物物却不为物所物"，即一边享受现实的美好，追逐事功，一边洞察其梦幻泡影般的本质。

一个标准的斯多葛往往冷静理智，不为愤怒、悲伤和焦虑所动，坦然接受天命最残暴的安排。为免感情用事，他会要求自己具备以下素质。

首先，总是设想最坏的情形，假装一切已被命运夺走。

奥勒留说："我必然会遭遇负义、无礼、背信、恶意和自私自利之人——我以提醒自己这句话开始每一天。"斯多葛安慰陷入丧子之痛不能自拔的妇人时说："我们所拥有的一切都是从命运女神那里暂时借来的而已，她随时都能拿走。要爱我们所爱，但要知道我们所爱的都譬如朝露。"

灾难降临时，最先崩溃的往往是乐观主义者，因为厄运对那些以为前路美好的人冲击最大。而斯多葛则无所畏惧，因为他习惯于做最坏的打算，早已想象自己失去亲人、朋友和财富时的情景，甚至主动制造苦难，忍饥挨饿，故能在绝境中坚韧不拔，屹立不倒。

其次，放下对无法掌控的外物的忧虑。

斯多葛清楚，人无法控制环境，但可以控制自己对环境的态度。人人想改造世界，斯多葛只想改变自己。

最后，接受既定事实，决不沉湎于过去，嗟叹悔恨，而把精力投入当下，专注于事。

斯多葛珍惜生活，积极入世，但集参与者和旁观者两种角色于一身，一边践行，一边观察自己的所作所为，用"斯多葛主义"客观评估。对他们而言，终极测试是死亡，达标者会昂首阔步，微笑向前，因为他已经过了自己想过的一生，无怨无悔。

"斯多葛主义"给心学做了完美的诠释，讲求"用心若镜"。

把心修炼成镜子，殊为不易。王阳明的看法是："纷杂的思虑无法强行禁绝，我们要做的只是在念头刚刚闪现时'省察克治'。待到天理充盈，迎接事物时自能兵来将挡水来土掩，不使其在心头纠缠不去。如此一来，心自然呈现出'专精'的状态，杂念也就不会产生了。"

界定的标准很简单：知行合一。

当你安静地坐在房间里，想象一头狮子在屋里转悠时，你会怎么做？

第一个人描述说："我想象到了。这是一头威武的雄狮，毛发清晰可辨。我甚至能感受到它的气味，太刺激了！"

第二个人直接打开房门跑了。

显然，真正相信眼前有狮子的是第二个人，因为此时唯一正确的做法便是逃遁。

如果把狮子看作圣人，第一个人就相当于程朱理学的信徒，知道做不到。

王阳明有个弟子叫舒芬，有一次请老师摘录几句《孟子》里的话送给自己，拿回去摆到书桌上。王阳明拒绝道："你一个中过状元的人，怎么连这么基本的道理都做不到，还要弄个座右铭提醒自己？"

正所谓"知之不如行之，行之不如安之"，一个人只要做了，且长期习焉不察、安之若素地做了，即可断定他知了。

学道如钻火，逢烟未可休。王阳明的释厄路就是一条掘地觅天、实处用功直至六通四辟、圣雄兼备的炼心路。

识人不忘己，察己可知人

《伯罗奔尼撒战争史》提出过一个著名的"修昔底德陷阱"：只要人性依旧如是，那么原来的灾难便会重复下去。联合国教科文组织亦有近似的表述："战争起源于人之思想，故务需于人之思想中筑起保卫和平之屏障。"

观念的力量如此强悍，以至于王阳明做过一个比喻："你未看此花时，此花与汝心同归于寂；你来看此花时，则此花颜色一时明白起来，便知此花不在你心外。"

"寂"意为"不彰显"，而非"不存在"。"一时明白起来"指有了意义与价值，这种"赋能"离不开"你来看"。你不来看，花开花落就是个自然现象，与你的心无关，无法"明白起来"，同时，你的心也不活动，没有给任何东西赋予含义。当王阳明说"心外无物"时，不是指离了心这个世界就不存在，而是成为"僵死的、没有内涵的存在"。

因此，科林伍德认为"一切历史都是思想史"。王阳明指出：人生在世，唯一的目的就是尽自己的心。

侍奉父母，求的是尽自己那份孝心，而不是为了做孝子；迁就老婆，求的是尽自己那份爱心，而不是为了当"暖男"；夙兴夜寐，是因为在做有价值的事，而非博一个"劳模"的名声。

尽心方能感到由衷的快乐，而内心的充实喜悦，正是人所应当追求的活法。

然而现实生活中，恰恰是尽心者寡而欺心者众。人们活在他人的评价体系里，欺瞒本心，卖力表演，最后忘了自己是谁，要去哪儿，把人生过成了一出皮影戏。

人类的大脑是个"多元政体"，各个模块有不同的"想法"，相互冲突。但这没关系，因为最后对外发言的是"叙事自我"。很多时候它并不知道发生了什么，却总能替人的选择找出自欺欺人、自圆其说的理由。这就好比当企业遭遇公关危机时，其新闻发言人未必了解真相，但还是能编出一堆谎话应付记者，及时灭火。

女朋友提分手，你以为如其所说是因为"你不照顾我的情绪"，而事实可能连她自己都没意识到——遇见了条件比你更好的男生；开会时老板说着说着就怒了，把下属痛骂一顿，事后旁人问他何故，答以"最近我们团队的工作状态很差"，其实导致他发火的真正原因是一个员工在发言中对他的决策表示质疑。

人是非理性的动物，很多时候都在感情用事，并体现在两个心理学概念"认知失调"和"确认偏误"上。

所谓认知失调，即当人的行为与他心目中的自我形象不符时，大脑为强行解释行为，产生了一个幻觉。比如老人上当受骗，高价购买了不靠谱的保健品。当你拿出证据，告诉他买的是假货时，他肯定不乐意——没有人甘心承认自己犯下了如此愚蠢的错误，也无法接受省吃俭用一辈子攒下的钱打了水漂的事实。于是他产生了幻觉：保健品是有效的，只不过以当前的医学水平还难以理解。

所谓确认偏误，即人们平时观察世界，极少像科学家一样根据事实产生观点，而会如律师一般先有立场，再搜集事实以佐证自己的观点。

比如有人固执地相信某个国家是自己的敌人，那么不管该国做了什么，甚至当新闻报道说它援助了中国的灾区，也会被此人解读为"居心叵测""别有所图"。

认知失调与确认偏误给人戴上了有色眼镜，使其看到的世界永远是扭曲的。而摘眼镜的过程，即是"去私欲"。

去私欲是为了复见天理。在王阳明看来，父母身上并未蕴藏"孝"的道理，朋友身上并未蕴藏"忠"的道理。理在心中，不必外求。

而天理昭明处即是"良知"。良知不分古今，无论圣愚，人人皆有，不虑而知。

它是情感的本源。《中庸》有言："喜怒哀乐之未发谓之中，发而皆中节谓之和。"良知作为"未发之中",使人在日常生活中的情绪表达恰到好处,避免"过火"与"不及";它是理性的本源。良知自知,对善恶美丑洞若观火,人要靠它对概念与事物进行推理和鉴别;它是德行的本源。没有良知的人无异于禽兽,对伦理规范一窍不通,很难在社会上立足。

概言之,良知就是人不依赖于环境和教育而先天具有的朴素情感、道德意识与价值判断。而不欺良知,循其指引去做,便是"知行合一"。

王阳明认为,只有符合"知不离行,行不离知。且知且行,即知即行"的标准,知才是真知,行才是真行。在他眼里,能知必然能行,二者是同一件事情的不同方面,你中有我,我中有你,故"行之明觉精察处便是知,知之真切笃实处便是行"。

行而不能明觉精察者是"冥行",是"学而不思则罔",故必须说个"知";知而不能真切笃实者是"妄想",是"思而不学则殆",故必须说个"行"——归根结底乃是一个功夫。

比如人在面对心仪的异性时立即心跳加速,手足无措——这种条件反射几乎不由自主,很难掩饰;再比如我问你某个字是否知道,如果你说"知道",那么你就应当不仅会读,而且会写,否则我便无法相信你真的知道那个字。

一事当前,良知感应神速,发用显露。此时若不掺杂刻意的思索(思虑一多,便入私欲縠中),听信良知,仅凭直觉和冲动爽利去做，即为"知行合一"。

知行不一，皆因私欲阻隔，良知之光无法充塞流行。而知行合一，则是"致良知"的体现方式。

一方面，致良知是王阳明一生思想的总结，意为"使良知致其极"，即"扩充良知至其全体呈露"，没有"亏缺障蔽"。

王阳明之所以认为这是为学的根本，盖因"良知只是个是非之心，是非只是个好恶，只好恶便尽了是非，只是非便尽了万事万变"。

人心陷溺久矣，王阳明摒弃宋儒"致君尧舜上，再使风俗淳"的幻想，远离庙堂，深入江湖，"觉民行道"，开出一条人人觉醒、自作主宰的新路，进而重建人间秩序。从此，"理"从士大夫的垄断中解放出来，成为引车卖浆者流都本自具足的"原力"。

决定"是非"的大权无可逆转地落到了每个人的手中。他们不再盲从，而以良知为唯一的取舍标准，对自己的言行和选择负起责任来。

王阳明尚且喊出"不以孔子之是非为是非"，而到了明末的心学传人黄宗羲那里，则把这一原则推广到了政治领域，铁齿论断道："天子之所是未必是，天子之所非未必非。"

另一方面，致良知又是一种义务。发明良知，实践良知——人性的光辉不仅要完善自我，照亮自身，还要点燃他人的心灯（"致吾心之良知于事事物物，使事事物物皆得其正"），这弘扬的是每个个体卓然自立、度己度人的担当精神。

人在世间生活，天地万物对人而言原本都是"寂"（即"纯粹客观意义上的存在"）的状态。但随着人与周围的事物发生联系，产生感应，"寂"的客观性被消解掉了，转变成于你而言"显"的状态（"岩中花树"里的"此花颜色一时明白起来"），这一过程便是"致良知"。

而你在赐予森罗万象以意义的同时，也在向万事万物开放自己的心灵。久而久之，你的生存世界和价值世界不断拓展，终有一天山河湖海、花鸟鱼虫都与你的心相关联，从而达到"万物一体"的广阔境界，视人犹己，视国犹家。

究言之，王阳明的心学就是要"破心中之贼"。他坚信"本心之明，皎如白日"，随时都可能大放异彩。只是人的私意杂念过多，像灰尘一样落满明镜，破坏了其"照物"的功能，不得不勤加拂拭，日日擦洗。

类似的"说教"，国人素不陌生。中国式的道德很多都是对外部权威和利益的屈服与妥协，鲜少"自律"。王阳明则不同，他否定奴才式的仁义，构建的是在思想自由的前提下的人格独立与道德自觉。

心中若无所滞，处事自然洒脱。当心灵安定下来，不动于气，不着意思，悍然独往，随机转化，逐物却不为外物所动时，其本身蕴含的巨大智慧便会显露出来。

修心炼胆吐光芒

假设 1 光年外，一颗巨型陨石以光速的千分之一飞向地球。

一千年后，当它撞击地球时，会造成人类文明的灭绝。现在，摆在你面前的选择有两条：第一，损失个人全部财产，换取千年后陨石偏离航向，从而拯救世界；第二，什么都不做，听任届时人类灭亡，但你马上能得到 100 亿美元。

相信大部分人都会选择第二条——我死之后，哪还怕洪水滔天？何况还有巨款可拿。

换言之，若你的肉身和名字都注定随你之死而飘散，宛若从来没有存在过一般，那人类文明的延续于你又有什么价值？

推而论之，宇宙也难逃毁灭的结局，世间的一切皆是流光碎影。若说生存还有什么意义，也许就是生存本身。

黑白是非无定论，适者生存。

这种意义是如此强悍，以至于文明的演化已经开始走向生物机能的反面。

比如文明程度越高的地区，生育率越低，而落后地带则往往热衷于造人。自然界里的任何生物，进化的终极目的都是尽可能多地繁衍品质优良的后代。只有人类，在进入资本主义社会后，演化的目标变成了"如何更有钱"。为了高效地赚钱，放弃爱情也在所不惜。于是，大城市的生育率每况愈下。

然而，赚钱不易。"90后"是被梦想催生的一代，敢想敢干。可惜机会窗口关闭得太快，社会急剧扩张，阶层日益固化，空气里尽是梦碎的声音。小时候，谁都觉得自己的未来会闪闪发光，可长大了才发现，生活中罕有能遂己愿之事。

你努力了，可什么也改变不了。所谓的努力不过是一支麻醉剂，让你觉得凡事只要肯努力就好，直到看见城堡的吊桥已经升起，游戏规则彻底改变——勤劳未必致富，财富流向了金融和房地产，成为一场按照马太效应持续拉大贫富差距的数字游戏。

如果21世纪还会出现饥荒，那绝不是由于粮食总量不够，而是因为分配不均。世间有太多的不合理，老天比谁都任性，什么玩笑都开得起。

福柯曾说："重要的是讲述神话的年代，而非神话讲述的年代。"拙作《明朝一哥王阳明》有很多青少年读者，也在人大附中推荐的中学生必读书目里，所以我在创作其他作品时非常关注年轻人的思想动态和流行文化。

六十年前，美国作家安·兰德在她那本风靡一时的《阿特拉斯耸耸肩》里提出：

> 我的哲学，本质上是将人类当成英雄一般，以他的幸福作为他生命中的道德目的，以他高尚的行为达成建设性的目标，以理性作为他唯一的绝对原则。

安·兰德的名言"你不能把这个世界让给你所鄙视的人"霸气十足，但在"丧"文化里浸淫已久的新人类对此并不感冒。拒绝"强打鸡血"的他们膜拜《银魂》，读《人间失格》，看《被嫌弃的松子的一生》，宁愿"斗鸡走犬过一生，天地安危两不知"，并发明了一条条充满负能量的毒鸡汤，比如"世上无难事，只要肯放弃""谢谢那些曾经打倒我的人，躺着真舒服"。

不管你喜不喜欢这副腔调，一个毋庸置疑的事实是：大多数人的一生都将归于平淡，乏善可陈。固然，梦想永远值得追求，但心平气和地接受它无法实现，也是一种智慧和勇气。因为除了实力与汗水，运气在工作、生活甚至恋爱里都扮演着更为重要的角色。

经历得越多，越会发现命运善妒，吝啬于给人恒久的平静而酷爱破坏花好月圆，使你不得不呕心沥血耗费半生去尽力拼补。

然而，最大的黑暗是对黑暗的适应，是淡忘甚至嘲讽光明。仕途失意的苏轼激愤地写下"人皆养子望聪明，我被聪明误一生。惟愿孩儿愚且鲁，无灾无难到公卿"，可更高的境界无疑是诗人勒内·夏尔的"理解得越多就越痛苦，知道得越多就越撕裂。但他有着同痛苦相对应的清澈，与绝望相均衡的坚韧"。

世事多不遂人意。你视若瓦砾，它任你挥霍；你视若拱璧，它一毫不予。而市侩即是世间法，人生无可避免地由单纯走向复杂，从高尚沦入庸俗，最后不过是一场虚无的华宴，水陆俱陈，美酒盈樽，觥筹交错，歌哭无休。并且，任何人的离席都不会改变什么。

可唯其如此，世人才更需要王阳明。因为心中有光，眼前方有光；心中无路，脚下便无路。

心学是关于"相信"的哲学。

顾城在诗中写道："你不愿意种花。你说，我不愿看见它一点点凋落。是的，为了避免结束，你避免了一切开始。"

怀疑一切，就会失去一切。

一个人的人生是他思维的产物。你在心中描画怎样的蓝图，决定了你将如何度过这一生。强烈的意念，将作为现象呈现。

"孕妇效应"（孕妇更容易发现人群中的孕妇）造就了"吸引力法则"。你相信什么就会关注什么，原先被你忽视的机会和线索就会被注意到，自然也就容易产生连接，发生反应，实现目标。

而那些人生之路越走越窄的人，并非因为不够聪明，只是由于不再相信，进而拒绝了所有美好的开始。

王阳明也曾绝望，不再相信。但经过龙场悟道，凤凰涅槃，他终于选择相信光明并将之守在心田，一俟时机成熟，便即刺破乌云，穿透黑暗。

如果看不见太阳，就成为太阳；成不了太阳，就追逐太阳。相信什么，才能看到什么；看到什么，才能拥抱什么；拥抱什么，才能成为什么。

你所相信的，就是你的命运。

远藤周作的小说《沉默》被誉为20世纪日本文学的最高峰，其故事背景设定在江户幕府锁国禁教的17世纪。

禁教令发布后，天主教徒遭到残酷迫害，葡萄牙传教士费雷拉在日本变节弃教的消息传回欧洲，舆论哗然。

费雷拉的三名学生决定偷渡到日本，验证传言，并暗中传教。其中，一个叫洛特里哥的学生就是小说的主人公。他潜入日本后被一个弃了教的村民吉次郎出卖，遭到逮捕。当局严刑拷打，逼他弃教——弃教的仪式是脚踩一块刻有上帝像的踏板。

忍受酷刑的洛特里哥耳边回荡着其他囚犯惨绝人寰的哀号。此时此刻，他可以沟通的对象只有上帝。他绝望地发问："为什么？为什么你面对这一切依然保持沉默？"

在得到上帝的回复前，洛特里哥不打算弃教。可是后来他历尽千辛见到了费雷拉，发现老师已改名为泽野忠庵，不仅弃了教，还在编写一本批判上帝的书。

洛特里哥三观尽毁——他一直不相信老师背叛了自己的信仰，所以才以身犯险跋涉至此。在同费雷拉交谈后，绝望的洛特里哥终于踏上踏板，把沾满血污的脚踩到曾经无比爱戴的容颜上。

直到小说最后，上帝始终保持着沉默，对洛特里哥的悲泣和求助置若罔闻，没有赐予他一丝一毫的圣洁与喜悦。

然而小说的结尾，洛特里哥的一段自述让他之前所经历的苦难和信仰危机顿时化作一股排山倒海的力量，敲打着读者的心扉。他接受了出卖他的吉次郎的忏悔，对自己说：

> 在这个国家，我现在仍然是最后的天主教祭司，而那个人（上帝）并非沉默着的。纵使那个人沉默着，到今天为止，我的人生本身就在诉说着那个人。

洛特里哥的原型是作者的精神导师——一个名叫赫佐格的神父。赫佐格后来还俗，与一个日本女人结婚。此事对远藤周作的打击很大，以至于他不无尖刻地写道："您已经变成了另一种人，眼睛里泛起被抛弃的野狗那种悲伤的神情。"

但他还是原谅了赫佐格神父，因为"在其他客人没有注意到的情况下，您快速画了一个十字形的手势，仅仅如此我便完全理解了您"。

坚持信念是一件极其困难的事，因为你必须使尽浑身解数来抵抗现实对自己的咀嚼，而这个世界又的确不公。

你会抱怨，会情绪低落，会把一切不满都归咎于外界。但你没有意识到这是恶性循环——因为你的负面情绪，那些本该遇见的美好事物烟消云散了。这让你越发生气，于是那些美好继续远离。

一事当前，人往往会经历三个阶段：意识、感受和行动。一般而言，人会先感受到负面情绪，然后意识到心情不好，最后体现在行动上。但次序其实是可以调整的——先在行动上假装情绪很好，比如哼音乐、吹口哨，再反过来影响意识，直至改变感受。

不要急于向世界诉说什么，也不需要向世界解释什么。慢慢去"熬"，熬出属于自己的标准，贯彻在行动中。不管这个时代飞扬的尘土多么呛人，哪怕全世界都用怀疑的目光看你，但凭良知的指引去走即可。因为我们能做的只有改变自己，而不是改变世界。改变世界的永远是少数人，它比改变自己困难一万倍。而当你用万分之一的力气改变了自己时，世界亦将随之而变，且比你想象的更加精彩。

知道为什么活着的人可以承受用任何方式活下去，但正如曼德拉所言：不要习惯了黑暗就为黑暗辩护。可以卑微如尘土，不可扭曲如蛆虫。

生命不过是一盘注定与命运拼尽全力的棋，有时无路可退，有时跌撞前行，都以死亡为最终使命，不知前路是一袭红毯还是万丈深渊。

看清了这一点就懂得了"向死而生",懂得人生的意义其实蕴藏在每天的生活里。

人这辈子,每个阶段都有不同的焦虑与痛苦,周而复始。生活绝不会因为你考上了名牌大学,事业有成,娇妻相伴就停止捶打你。但每个阶段也有每个阶段的幸福,无法取代,不应辜负。

最愚蠢的事就是把全部的人生希望都孤注一掷到未来的某个节点上,而忽视了生活本身的乐趣。即使有朝一日你真的实现了执念的那个目标,也会发现它远不如想象中美好——年轻时同好哥们儿联机打《帝国时代》的快乐,是日后与商业伙伴玩德州扑克所替代不了的。

在佛陀看来,人类的主观感受没有任何实际意义,因为它只是一种电光火石的波动,每个瞬间都在改变。如果太过看重这种情绪波动,内心就会焦躁不安。每遇不快,便感觉自己在受苦。而即使得到快感,亦唯恐不足,担忧失去——追求这些虚妄的主观感受只是耗费心神的徒劳,让我们受制于追求本身。

因此,苦痛的根源不在于感到悲伤,也不在于觉得什么事情都没有意义,而是由"追求主观感受"带来的。不管追求的是什么,都会让人陷入持续的紧张、不满和迷茫当中。

只有跳出意识形态,用良知俯察品类,才能看清客观现实,比如辩证地去看"努力"这件事。

人在年少时比在成年后更容易掌握乐器和绘画方面的技艺,其根本原因在于小孩很少会质疑自己一节课收获了多少，往往都是闷头一练好几年，突然有一天发现自己已经学会了。而成年人却相信"马云成功的十条秘诀""三十天成为情场高手""198 元告诉你通往财务自由之路"。

人是需要即时反馈的动物，这是电子游戏成瘾的秘密所在。但任何一项技能的习得，都需要足够的量变来引起质变。大部分人一事无成，不是因为他们太笨，恰恰因为他们都太聪明了。

走出校门后，当我们遇见的很多事不再像做题之于考试那么立竿见影时，很多人的付出都是浅尝辄止的。而真正的努力其实是选择一个正确的方向，投入热情，长期专注。

心存良知之人，身似坚定无畏的大船。它既不寻求幸福，也不逃避幸福，只是向前航行，与命运和解并顺势而为。最后你会发现，一个人存在的价值，在于能让世界通过他的手和眼呈现出不一样的姿态。

哪怕只是一丁点角度上的不同，也意义重大。

权利优先于善

"监生拜孔子，孔子吓一跳"是晚清的一句俗语。当时，国家最高学府国子监有许多挂名的监生，学籍是花钱买的，并无资格叩拜国子监里的孔子像，故有此说。

1921年，对荒诞不经的"孔教会"不以为然的辜鸿铭给这句俗语对了个下联："孔教拜孔子，孔子要上吊。"

孔教指孔教会，创立者陈焕章乃康有为的弟子，光绪年间的进士，哥伦比亚大学的哲学博士。1912年，负笈回国的陈焕章在上海发起成立了"全国孔教总会"，自任总干事，尊康有为为会长。

孔教会设计教旗，设立分会，采用"孔子纪年"，发展得如火如荼，受到了大总统的褒奖。袁世凯颁布"尊孔祀孔令"后，陈焕章紧急北上，向正在制宪的国会呈交《请定孔教为国教书》，要求把"明定孔教为国教"写入宪法，得到了宣称治国要以"道德为体，法律为用"的袁世凯的鼎力支持，却遭到国会议员和社会舆论的强烈反对。

"忧国忧民"的陈焕章愤慨不已，发表《告全国同胞书》，称宪法起草委员会否决他的提案属于"天祸中国"，将导致"家无以为家，国无以为国，人无以为人，相率而入于禽兽"。

针对陈焕章的莫名惊诧，复旦大学创始人马相伯给时人算了一笔经济账：孔教会是要收会费的，一旦孔教被定为国教，陈焕章躺着便能富甲天下。何况陈焕章还请政府下令规定男女婚配必须到孔庙举行婚礼，由孔教会主持并收取 4 块大洋；纳妾者，首次征 200 元，再纳翻倍。所有收入，半归政府，半归孔教会——以全国 4 亿人口计，生钱之速，堪比印钞机。

陈焕章有此经济头脑也不奇怪，毕竟他的博士论文就叫《孔门理财学》。不过，陈焕章本人的节操似乎经不起推敲，在袁世凯死后充任由段祺瑞控制的"安福国会"议员，再给徐世昌当总统府顾问，又先后投靠了黎元洪和曹锟，有违忠道。

虽然陈焕章为了尊孔四处奔走，朝乾夕惕，但不能就此说他"知行合一"。在王阳明看来，说一套做一套并不意味着"知"和"行"脱节，而意味着"不知"。真知必定表现在行动上，没做到的话，有且只有一个原因：根本不知道。

譬如戒烟的失败率之所以很高，通常被认为是由于烟民缺乏自制力。但若设想这样一种情境：要么戒烟成功，立即获得 1 亿元现金的奖励；要么继续抽烟，但再吸三包必患肺癌——二选一，想必大多数人都能战胜烟瘾。

由此可见，那些嘴上说自己知道吸烟有害健康却拿意志薄弱当借口的人，究其本质还是因为并不真的知道。

阳明心学堪称当今显学，但在言必称"致良知"的喧嚣声中，不该忘记"心即理"才是阳明学说的世界观和逻辑起点。

天理不在我心之外，只需向内去芜存菁、去伪存真，就能明辨是非，体察事理，洞悉宇宙的奥义。"心即是理"把个体的思想从权威和书本中解放出来，直接与天地对话，弘扬的是人与生俱来的权利。就像约翰·洛克在《政府论》中论述人人平等，任何人不得妨害他人的生命、健康、自由或财产时所举证的那样：人是上帝的造物，既然上帝赋予人们同样的能力，使其在同一个自然社会里共享一切，那么人只能从属于上帝，而彼此之间不能有任何从属关系。

站在洛克的肩膀上，康德提出："人不应该被作为手段，不应被作为一部机器上的齿轮。人是有自我目的的，他是自主、自律、自觉、自立的，是由他自己来引导内心，是出于自身的理智并按自身的意义来行动的。"

把先哲的理论付诸实践便有了《联邦党人文集》里冷静的论断："野心必须靠野心来对抗，人的利益必须与法定权利相联系。用这种方法来控制政府的弊病可能是对人性的一种羞辱，但如果政府本身不是对人性最大的羞辱，又是什么呢？若人皆为天使，就不需要政府；若由天使统治人，就不需要对政府有任何外来或内在的控制。"

这与王阳明的矛盾类似：一方面肯定了人作为万物灵长的主体价值——皆有良知，人格独立；另一方面又强调良知蒙尘，乌云蔽日，告诫世人正心诚意，勤于拂拭，以明觉良知。而王门弟子各执一端，从而有了良知现成派与良知归寂派的分野，好比自由主义之花在20世纪结出了两颗最丰硕的果实——诺齐克与罗尔斯。

诺齐克高举个人权利的大旗，认为国家只能扮演守夜人的角色，看好门即可，业主缺吃少穿都与他无关，小偷出没时才发挥作用。换言之，国家仅限于满足保护公民免于暴力、欺诈以及强制履行契约等最低限度的功能，任何更多的职能都有可能侵犯公民的权利。

而个人财富无论多寡，哪怕富可敌国，只要追本溯源来路清白，且每次增值都遵循自由交易而非巧取豪夺的原则，在诺齐克的观念里就是公平的。换句话说，政府不可干预市场，削富济贫。

如果说诺齐克看重的是程序正义，那罗尔斯着眼的便是结果正义。在罗尔斯看来，即便一个社会里的富人都是遵纪守法，勤劳致富的，对其持有的财产也应当从"分配正义"的角度予以调整，缩小贫富差距，因为由自由竞争所导致的"赢家通吃"的局面是不公的。

罗尔斯的观点与卢梭一致，即"任何公民都不应该富到买得起其他公民，也不应当穷到要靠出售自己来谋生"。他致力于构建一种道德上值得追求，制度上又可行的良序社会。

同王阳明一样，罗尔斯对人性持乐观估计，认为人除了理性自利之外还有良知，有能力作出道德判断并愿意服从合理的正义原则。为了界定什么才是"合理的正义原则"，罗尔斯抛出了思想实验"无知之幕"，即假设所有人都在排队投胎，均不知将降生于鼎食之家还是贫贱寒门。在这种情况下，就某个特定的角色——无论官员还是农民，讨论并约定未来社会该如何对待他，才是公允的。因为每个人都不清楚自己出生后的地位，也就杜绝了"屁股决定脑袋"的主观决策，最后制定的规则既不会完全向富人倾斜，也不会置穷人于不顾。

概言之，只有当你不知道自己可能是谁时，才能想明白什么是正义。

罗尔斯眼中的正义社会，是一种民主的、平等的合作体系。自由人在其中自由协作，获得公平回报，分享发展果实。这种合作，不是优胜劣汰的零和游戏，谁也无权通过剥夺他人的自由获取更大的利益，也没有人会由于先天或后天的不幸遭到排斥，社会成为一个彼此尊重相互关怀的共同体，或曰"良知型社会"。

平心而论，罗尔斯的见解有些理想主义，但无可指摘，因为按照诺齐克反对高福利、对市场自由放任的主张，一些令人沮丧的现象已在大洋彼岸上演。比如公园和操场荒废了，而只向付费会员开放的高尔夫球场、网球俱乐部却在激增；市政服务减少了，高消费区的居民额外花钱雇人收集垃圾、打扫街道；私家保安数超过了警察人数，打击犯罪变得不如为那些付得起保护费的人建立的安全地带重要。

越来越多的富人撤出公共空间，躲进私人社区。这些社区大多以收入水平划分，以至于有销售人员声称："告诉我你的邮政编码，我就能说出你吃什么、喝什么、开什么车，甚至想什么。"

这种隔离腐蚀了社会纽带和文化认同。托克维尔在19世纪考察美国时发现，人们为了各种各样的目的结社，公共生活异常发达。国家只负责战争和外交等大事，行政事务靠地方自治便解决了。但这有赖于每个人在追求自己利益的同时积极参与公共事务，接受公民教育，与他人发生联系。

但诺齐克对此不以为意。站在他的立场上看，NBA球星无论薪酬多高，也是合乎情理的，因为观众乐意捧场，广告商甘愿买单。然而，当他得知有棒球队把球员的本垒打冠以"××银行本垒打"以及某禁赛的球星在网上出售签有"我为赌球道歉"的棒球和自己被开除的文件复印件时，不知作何感想。

一切似乎都在待价而沽。牢房可以花钱升级，非暴力罪犯能买到更好的住宿条件；企业只要向欧盟建立的一个碳排放交易市场付费，就能理直气壮地向大气层排放碳。

更不要说无孔不入的广告。早在一百年前李普曼便哀叹其实属"伪造风景、覆盖围栏、粉饰城市、彻夜霓虹闪烁的欺骗性喧嚣"。

消费主义主宰了我们的生活。马云用"剁手党"贡献的钱拍电影打败了昔日的功夫英雄；成群结队的无知少女为了奢侈品主动跳入"裸贷"陷阱——这印证了一句老话：自由就是不自由。

人们需要付出沉重的代价甚至牺牲，才可能得到自由。可即便得到了，也不是一劳永逸的。你不得不时刻对侵害自由的举动保持警惕，永远为自由而战。

因此，自由让很多人望而却步。在民主时代，大众往往更愿意选择一个完全平等却没有自由的社会。因为人总是渴望所有人都被拉平，若不能平等地享有自由，就平等地忍受奴役。

显然，诺齐克更关注自由，罗尔斯更强调平等。如果说自由的弊端是使人与人之间变得疏远，把注意力集中于物质享受和眼前利益从而忽视精神追求与共同价值，那么平等的起源也并不高贵，无非出于人类的嫉妒心。这是写在基因里的客观存在，鲜少妒忌之人早在远古时期就被自然规律淘汰了，毕竟非洲草原容不下"佛系玩家"。

世人的贪婪本质上源于虚荣而非真实需要，尤其在生产力已使人们的所得明显超过了维持基本生存的当代。亚当·斯密一针见血地指出："在大部分富人看来，富的愉悦主要在于富的炫耀，而自己拥有别人求之不得的东西，算是最大的炫耀。"

洞察了这一点，也就懂得了为何"四海无闲田，农夫犹饿死"。

综上所述，罗尔斯坚持在过程公正的基础上限制结果不平等，而诺齐克则认为过程公正即结果公正，限制结果不平等毫无意义。但二者有一个共同捍卫的底线，即个人权利至上，不能为了普遍利益而被牺牲，就像罗尔斯在《正义论》中开宗明义所写到的那样："每个人都拥有源于正义的不可侵犯性，即使社会作为一个整体的福利也不能凌驾于其上。"

比如，若政府出台法令禁止黑人与白人通婚，那无疑是种族主义，必遭千夫所指。可要是一个白人女孩死活不肯与黑人追求者在一起，而选择嫁给一位各方面条件都不如黑人追求者的白人男子，那也是她的权利，即便出于偏见。

罗尔斯与诺齐克的共识是：对公民的道德观和宗教观，政府应当保持中立。因为关于"何为高雅何为低俗""什么才是最好的生活方式"，不同的人有不同的理解。政府要相信并尊重人们作为自由且独立的个体能够选择自己的价值和目的，一个人只要没有触犯别人的权利，即使他饱食终日无所事事，也是他的自由。正如约翰·密尔在《论自由》中叙述的那样："唯一配得上自由名称的自由，就是以我们自己的方式来追求我们自己的善，只要我们没有剥夺他人这样做，也不阻止他人这样做的努力。"

1940 年，两个因宗教信仰拒绝向国旗敬礼的美国儿童被公立学校开除。三年后，最高法院在一项诉讼中推翻了公民必须向国旗敬礼的律令。大法官罗伯特·杰克逊在判词中写道："如果我们宪法的星空上有一颗不变的星辰，那就是，无论在政治、民族主义、宗教还是其他舆论的问题上，任何官员，不管其职位高低，都无权决定什么是正确的。"

本着"自由主义的正义要求我们尊重人的权利，而不是促进他人的善"，罗伯特·杰克逊直言不讳道："爱国必须源于自愿的情感与自由的心灵。"

罗尔斯反对政府去塑造公民的品质，去对公民的品质做价值判断，去把自己的喜好和目标强加于公民。在他看来，我们对别人只有两种义务，一种是"自然义务"，一种是"其他义务"。自然义务就是把人当作人来对待，己所不欲勿施于人；其他义务就是超出我们本分的特定责任，它只能由个人同意，无论默许还是明示。

自然义务的理论基础即孟子所谓人人皆有的恻隐之心（仁）、羞恶之心（义）、辞让之心（礼）和是非之心（智），也是"心即理"中的天理。

当我们作为对自己命运负责的主人主动涤荡私欲，复见天理后扩而充之，开始承担其他义务时，即为"致良知"。

当自由的大门打开时，人们朝哪个方向奔跑

天理和人欲的矛盾是一道永恒的哲学命题，对它的追问与激辩贯穿了整个晚明，并由此诞生了一本伟大的小说《金瓶梅》。

这部几乎没有正面角色的作品对欲望枯骨进行了不厌其烦的描摹，呈现了当价值凋零，一切只剩下私欲时，人会变成什么。作者试图用悲天悯人的文字指出救赎之道，但很显然他没有得出比王阳明更深刻的答案。

明朝中叶，商品经济的蓬勃发展和消费主义的甚嚣尘上使得僵化的程朱理学看上去越发面目可憎，"融情入理"的阳明心学应运而生，对这一社会剧变做出了掷地有声的回应。当嘉靖皇帝在"大议礼"中冲破意识形态的樊篱，坚持用"礼本人情"做理论武器追认生父为"兴献帝"时，王学席卷宇内之势，已不可当。

同朱熹一样，王阳明主张"去私欲"；同朱熹不一样的是，他铁

齿论断"此心无私欲之蔽,即是天理"——功夫当用在把心镜打磨明澈上,而不是盯着竹子看三天三夜,到外界求取天理。

更关键的是,王阳明肯定人情,认为喜怒哀乐如云聚云散,不要凝滞障蔽即可。而所谓私欲,无非"情之过与偏"——对天理和人欲的调和,为王学后来的分化埋下了伏笔。

根据对待良知的立场,王门弟子可分为现成派(左派)、归寂派(右派)和修正派(正统派)。

王阳明晚年将其思想归宗为"致良知"。良知即天理,即是非之心,人人都有,无间圣愚。一事当前,不假思索,便能辨善恶、明选择;致者,至也。故"致良知"一是去私欲,向内光明良知;二是去实践,用良知改造世界——现成派和归寂派各自偏重,分别取了一个极端。

归寂派强调光明良知的过程而不是良知本身,发展到最后便是黄宗羲的老师刘宗周。此人在举世昏迷、价值混乱的明末重树"以理制欲"的大旗,被朝野视作道德的楷模、文官的良心。

崇祯皇帝迭遭小人欺蒙后,也曾考虑过让刘宗周入阁。但在召对中,被烽火连天的社会现实搞得焦头烂额的崇祯问他兵事,刘宗周却对之以"内政既修,远人自服",并举上古的例子,说三苗叛乱时,舜自修文礼,组织大家跳跳舞便将其平息。崇祯下来即对内阁首辅温体仁道:"迂哉,宗周之言。"让他去当工部侍郎。

刘宗周不以为意,盖归寂派念念不忘去私欲,多宠辱不惊。但他在迂阔的道路上越走越远，经常苦劝崇祯放弃对武力的迷信，告诉他只要怀尧舜之心，行尧舜之政，哪怕听之任之，流寇也会主动解甲来归。

不仅如此，他还反对重用善使火器的西洋人汤若望，上疏说："用兵之道，太上汤武之仁义，其次桓文之节制，下此非所论矣……不恃人而恃器，国威所以日顿也。"

崇祯说，火器还是要用的，当然你讲的大道理也对。刘宗周不依不饶："火器终无益于成败之数。"崇祯无奈道，那你说怎么办？刘宗周说，十五年来，你做错了很多事，以致有今日之败。当务之急是推原祸始，改弦易辙，而不是拿火器来苟且补漏。崇祯不高兴，说往事已不可追，你就谈谈现在该怎么办吧？

刘宗周的回答是"用好人"。

他的确当了一个纯粹的好人。明亡之后，绝食而死。

与归寂派相对，重悟轻学的现成派无视正心诚意的功夫，强调良知天生就有，向外发扬便是。在这一思路的引导下，提出"百姓日用即道"的王艮创设了著名的泰州学派。此派门人自尊无畏，四处奔走，专向市井蒙昧传道，一副砸烂旧世界、开启新时代的势头，以至于令当局者有"黄巾、五斗之忧"。

坚持走群众路线的泰州学派让底层人民觉得哪怕目不识丁，天眼一开也能立地成圣。由于良知天成，知是知非，那么人生在世，凭内心的真实好恶去活就好了，感应神速的良知自会指引你走上正确的康庄大道。

我行我素的王艮坚定地认为，人当凭着自己那颗不虑而知、不学而能的良知去做一番惊天动地的伟业，普度众生，而不应像妾妇一样无条件地适应这个世界。他的再传弟子颜山农便率性而为到在公开讲会中就地打滚，说"试看我之良知"，被时人传为笑谈。

颜山农根本不在意世俗的目光。他指出：天下国家是末，身才是本，人最该重视的就是他自己。而对天子和朝廷，颜山农更是大声疾呼，说你们不能什么都管，否则只会越管越乱。应当让百姓自己管理自己。

有段时间颜山农到俞大猷帐下当军师，屡出奇策，大败倭寇。旁人不解，问他："你一介书生，哪来的这么多计谋？"颜山农说："王阳明也是书生，建立的功勋与日月同辉。我的策略全从良知来。"

他在九十二岁时撒手人寰，临终前对弟子何心隐说："凭良知去做，不要怕。"

何心隐确实天不怕地不怕，甚至以举人之身参与了"倒严"。当严嵩发觉自己中了他的圈套时，立刻谋划对其下手。而此时何心隐早已改名换姓，逃之夭夭。这体现了言心学者的一个特点，即从不与对手正面冲突，也不做无谓的牺牲。一切听从良知，当进则进，该退便退。

何心隐是泰州学派最典型的代表。他不顾一切地挑战传统和权威，想要创造一个新世界，因此把"师友"这一社会关系置于三纲之上，召集了江西全境的"合省大会"。他还创立了一个将农户组织起来合作化生产的"聚和堂"，统一出面与地方政府打交道，缴纳钱粮，协调纠纷。对内则按劳分配，人人平等，提供免费的教育与医疗保障，实现乡村自治。

王学左派发起了中国第一场真正意义上的启蒙运动。它反对束缚人性，呼唤解放思想，让阳明心学风行天下，成为独一无二的显学，却也使其逐渐偏离王阳明的本意。

直到李贽的横空出世，心学的惊涛骇浪终于被掀到了最高潮。

李贽性格急躁，好与人辩，但其争辩只限于跟关系要好的朋友，对于他不喜欢之人，一句话也不会多说。他不信佛，不信道，讨厌只会考科举的书呆子。二十六岁那年，他参加乡试，没做任何准备，临考前胡乱背了几篇八股范文，居然中举。李贽仰天大笑，说这就是场游戏，东拼西凑便能过关。

李贽的标新立异引来诸多非议，其放浪形骸甚至招致绯闻。比如兵部侍郎梅国桢有个孀居的女儿曾拜李贽为师，两人关系亲密，惹出无数流言蜚语。年近七十的李贽满不在乎，公然称赞她"虽是女身，然男子未易及之"。

反对派被激怒，马上有人揭发他常年狎妓、私通寡妇的隐秘之事。

其实，李贽的言行之所以离经叛道，皆因"肯定私欲"乃其重要的哲学主张。他认为做官的目的就是名利，与其像道学家一样口是心非，打着为国为民的幌子，不如大大方方地承认。他举例说："必有个秋天收获的私心，农夫才肯下功夫种田；必有个当人上人的私心，士子才肯下功夫读书。"还特意挑明，孔子的私心比常人更重。为了沽名钓誉才周游列国，到处推销自己的思想。

事实上李贽对孔子长期采取激烈批判的态度，讥讽"天不生仲尼，万古如长夜"时说"难道孔子没出世前，人们一天到晚都点着蜡烛走路吗"；反对"孔子乃万世师表"时说"每个人来到世上，都有他发挥作用之处。不跟孔子学，就没有谋生的本领了吗"。

不但如此，针对《论语》中说孔子吃东西非常挑剔，颜色不好、味道不香、菜不新鲜都不吃的事实，李贽的评价是：矫情成这样，一点都不像圣人。

怀疑一切的李贽也有信仰，那便是阳明心学。他曾说，我从小就读孔子的书，却不了解儒家学说；从小就尊崇孔子，却不清楚他为什么值得尊敬。我就是站在人丛中看戏的矮人，除了一张张后背，什么都看不见。人家喝彩，我便随声附和。在没有接触阳明心学前，我就像一条哈巴狗，只会跟着别的狗叫。

泰州学派传至李贽，心学被推到了极致。王阳明虽然肯定个人主义，但并不狂热；而李贽对程朱理学冷嘲热讽的同时无所顾忌地喊出"我即上帝"。这种绝对的自由主义、功利主义乃至无政府主义即便是时下也会导致个体与群体格格不入，遑论在宗法势力极其强大的晚明。

　　李贽一生的痛苦和悲剧，即根源于此——自我意识的觉醒遭遇强悍的儒家纲常。

　　同何心隐类似，五伦（君臣、父子、兄弟、夫妇、朋友）之中李贽只认可朋友。终其一生，他朋友不多，但均是救急救穷的莫逆之交。反倒是接连去世的父亲和祖父，给位卑俸薄的李贽带来了极为沉重的负担。一是因停职丁忧耽误了仕途，二是不菲的丧葬费掏空了他的家底，以至于一别三年重逢时，妻子告诉李贽，他的两个女儿已因营养不良饥馑而死。

　　宗族的压力对那个时代的官员而言如芒在背。何良俊曾在南京被逃难的亲属包围，要求他解决吃饭问题。而归有光则在信中向朋友诉苦，说自己根本无法迁官，因为要离开昆山就必须带着上百口族人同行。

　　如果何良俊与归有光试图推卸这一责任，就会遭到舆论的无情抨击。因为所谓的"朝为田舍郎，暮登天子堂"只是表象，金榜题名的背后往往隐含着一个家族几代人的积铢累寸、惨淡经营，母亲、妻子以及兄弟姐妹等无数人的自我牺牲换来的这份荣誉，决不只属于登第者。

　　这与时下的一些社会问题别无二致。比如能否以真爱的名义破坏他人的婚姻？比如当父母尽到了含辛茹苦的养育之责而要求子女传宗接代时，年青一代是否能以自由的名义选择独身？比如现代经济学的理论基石是交易主体皆为趋利避害的理性人，那么所有人都选择利益最大化时如何维持系统的长治久安？自由市场经济是否也要讲良知和正义？

明之亡，实亡于党争。作为明末最大的政治势力，东林党的身上集中体现了精神和物质割裂后的彷徨与迷惑。一方面官员以仁义道德相标榜，以兼济天下为志向；而另一方面现实的诱惑又俯拾皆是，无时无刻不在拷问他们的灵魂。

天人交战是明末儒学的主题，天理与人欲聚讼不已，昔在永在，仍将继续。人性没有极限，只要给予足够的推力，既能坠入无尽的深渊，也能升到圣洁的天堂。或许，修正派对阳明心学全面客观的继承是一种更为理智的选择：既正视私欲，也克除私欲。

很多人终其一生都生活在"求不得"的痛苦之中，短短两万多天，尝尽了世间的悔恨与不甘。只有当他们开始省察克治去私欲，明觉良知时，生命才有可能真正光明起来。

无为而治

《庄子》里有则寓言，说黄帝有一次访问名山，途中迷了路，问道于牧童。牧童指明方向，黄帝见他气质不凡，便请教治国之道。牧童说治理天下与牧马一样，不过"去其害马者而已"。

黄帝拜服，叩头行礼，口称"天师"。

很显然，庄子认为治国之道无非"除弊"二字，顺其自然罢了，这与老子的"无为而治"一脉相承。

《道德经》是讲给统治者听的，而"无为"正是其政治思想的核心。

无为不是什么都不做，而是不要违背事物本身的发展规律，顺应趋势地去做。比如人要吃饭睡觉，无为不是让你不吃饭、不睡觉，而是让你遵循自己的生物钟和身体状况以及外界的环境变化来吃饭、睡觉。

由于"饥来则食，倦来则眠"，没有丝毫勉强，所以做了也感觉不到，润物无声，无为而无不为。

推而论之，怎么养生就怎么治国。生活规律，淡泊无欲，身体自然健康；不折腾，顺天应时，则天下大治。正如《淮南子》所言："勿惊勿骇，万物将自理；勿扰勿撄，万物将自清。"也就是说，如果社会是一面湖水，越用力使之平静，它反而越不平静。但若不扰动，它自会平静。

在老子看来，汲汲于丰功伟绩的政府并不可取，好政府很多时候都是无甚作为的。

这与经验主义或保守主义的政治主张不谋而合，即认为人的认知极为有限，相比于大千世界不过是沧海一粟。因此，只有让细碎的知识自发生长，一点一滴地拼接，最后才可能长出枝繁叶茂的大树。正如哈耶克所说："人们赖以成功的很多制度，都是在既没有人设计也没有人指挥的情况下自然形成、自然运转的。并且，相隔五湖四海的人们通过自发协作而创造的东西，常常是我们的头脑永远也无法充分理解的。"

与之相对的是理想主义，认为人是万物的灵长，自有天地以来，一切自由和秩序，皆是人的设计与行动的产物。人类完全有能力用理性之光照亮整个世界，在人间建造天国。于是，20世纪的一百年，全球各国做了各种乌托邦的实验。在看到"通向地狱的路，往往是由美好的愿望铺就的"后，汉娜·阿伦特写下了《极权主义的起源》。

剑桥大学历史学家阿克顿勋爵曾言："历史上的丹东总是输给历史上的罗伯斯庇尔。"法国大革命时有三个激进的革命领袖，其中马拉是被刺客杀害的，而丹东最著名的口号则是"大胆，大胆，再大胆，法国就得救了"。

即便如此，丹东还是被罗伯斯庇尔送上了断头台，只因他在某些方面仍旧主张宽容，说"要爱惜人类的血"。

丹东在被押赴刑场前曾诅咒罗伯斯庇尔道："下一个就是你。"果然，仅仅四个月后，罗伯斯庇尔便在热月政变中被处死。

激进者只要还有底线，就总会输给更激进、更无底线之人。事实上早在1790年，大革命爆发的第二年，英国学者埃德蒙·柏克便出版了后来被奉为保守主义奠基之作的《法国革命论》，对法国大革命大泼冷水，说你们这帮小市民，拿着几本知识分子的书，天天闹革命，可你们有什么行政经验？你们的知识系统和这个国家怎么对接？你看我们英国，所有法律都不是为了建立理想国而是为了防止最坏的情况出现，一代代人根据一件件具体而微的事有的放矢地制定出来的。

历史的走向印证了埃德蒙·柏克的推断，也给雨果带来了《九三年》里的反思："人不应该为了行善而作恶。推翻王位不是为了永久地竖起断头台，打落王冠的同时要放过脑袋。"

此即经验主义者的主张：从不相信哪一种思想可以包治百病。比如，英国首相撒切尔夫人。她积极赞成和推动欧洲共同市场，可一谈到搞欧元，立马摇头否定。

撒切尔夫人坚决反对这样一个用人类理性构造出来的跟传统完全脱节的货币，放言道："我的政府只相信英镑，因为英镑是人类历史一点一滴的经验和知识堆砌出来的产物，而欧元是人设计出来的，看似聪明，但我怎么知道呢？"

历史上的改革，但凡只争朝夕，轰轰烈烈的，结局往往惨淡，与初衷背道而驰，比如王莽改制、熙宁变法和百日维新。而成功的改革，大多是顺势而为甚至无所作为的。

《史记》里有一篇《货殖列传》，专门记载商业现象。司马迁对商业活动的自发秩序感到惊奇，列举了各地的特产，说粮食需要农民来种，器具需要工匠制作，而所有的物资又经过商人辗转流通。如此复杂的系统，难道是政府安排的吗？当然不是，人们只不过各尽其能，想方设法地获取自己需要的东西。不用政府征召，货物便会出现在价格合适的地方；不用政府逼迫，民众自会勤劳生产，参与交换。

这在经济学里就是弗里德曼的新自由主义，认为"经济的运转自有其规律，政府要做的就是维护好社会秩序的稳定，让经济杠杆自己去调节社会生产，从而提高生产力"。

西德的崛起给新自由主义学派做了完美的注脚。"二战"结束后不到十年，西德便从一个百业凋敝的战败国发展成为欧洲大陆上经济最强大的国家之一，原因即在于其经济部长艾哈德下令取消了几乎所有对工资和物价的管制。于是，只用了几个月，萧条的经济便像被施了魔法一般繁荣起来。

弗里德曼说："这是自由市场创造的奇迹。"

为了嘲讽那些自以为是的人，庄子讲过一个"凿七窍"的故事，说南海之帝与北海之帝见中央之帝"混沌"没有耳朵，听不见美妙的声音；没有眼睛，看不到美好的世界；没有嘴巴，尝不了美味佳肴。

二帝心下不忍，以为人皆有七窍，故决定每天在混沌身上打个洞。岂料到了第七天，混沌一命呜呼。

总有人像二帝那样，喜欢按自己的意志去改造世界，殊不知这恰恰是天下祸乱的根源。

春秋时期，郑国由子产主政时曾铸刑法于鼎，晋国大夫叔向给他写信表达了自己的失望，提出"国将亡，必多制"，认为"法繁于秋荼，网密于凝脂"乃亡国之兆。子产回信说："以我的才能，还考虑不到子孙后代的长治久安，只能挽救当下罢了。"

老子认同的无疑是叔向，所以才说"法令滋彰，盗贼多有"。的确，法的威严来自程序正义，来自人们相信这个社会的法律环境是公平的，违法结果是可预期的，司法过程是公开透明的。舍此，即令法网再严，乃至照搬朱元璋的"剥皮实草"，一样无济于事，还可能使良民蒙冤，酷吏逞凶。

在老子看来，如欲"盗贼无有"，只能"绝巧弃利"；如欲"民复慈孝"，只能"绝仁弃义"。因为"大道废，有仁义；智慧出，有大伪；

六亲不和，有孝慈；国家昏乱，有忠臣"。

这道出了一个吊诡的真相：越标榜什么，表明社会越缺什么。标榜以德治国，说明现实里缺德；标榜知行合一，说明良知难觅。很多人爱读《三国》，向往那个沧海横流、英雄辈出的时代。但真的让你生在东汉末年，可能连黄巾之乱都活不过去。

老子眼中的历史演化是一个由治到乱的过程。上古的政治合于"道"，后来社会乱了，但总算还合于"德"。紧接着更乱，"德"没了，方有了"仁"。再后来，"仁"都没有了，便有了"义"。"义"也没有了，才有了"礼"。

"礼"就是形而下的外在规范了，如果还约束不了人，便只能靠"法"来恫吓与制裁了。

随着礼崩乐坏，每况愈下，政治也越来越复杂——道的时代，小国寡民，一切因势利导；而到了礼的时代，儒家有所谓的"礼仪三百，威仪三千"，出了名的繁文缛节。

老子心中的理想社会在道的时代，无为而治，人民"甘其食，美其服，安其居，乐其俗。邻国相望，鸡犬之声相闻，民至老死不相往来"，一片欣欣向荣的田园牧歌之景。

问题是老子又没去过上古，凭什么铁齿论断人类的蒙昧时代其乐融融？诺贝尔文学奖获得者戈尔丁就在架空小说《蝇王》里虚构了一群因飞机失事而被困在一座荒岛上的儿童，起初他们尚能和睦相处，后来因为人性里的恶肆意膨胀，相互残杀，最终产生了由强者操控的集权政治。

《蝇王》的故事是《利维坦》的真实写照。在这部划时代的西方政治学名著里，作者霍布斯认为，国家尚未诞生以前，所有的社会制度和法律规范皆不存在，只有人性发挥作用。而霍布斯笔下的人，本质上是一种有欲望并且追求欲望的动物，得陇望蜀，永不餍足。因此，在无法无天的自然状态里，人和人一直处于恐惧与争斗之中，且这种争斗是所有人对所有人的。

为了终结这你死我活、尔虞我诈的悲惨生活，人们缔结契约，让渡权力，建立了国家。在霍布斯看来，国家的出现与王室的继承和贵族的特权无关，更不是为了上帝的荣耀，而是旨在保护我们免受"所有人对所有人的战争"之苦。从"君权神授"到"君权人赋"，霍布斯提出了国家合法性的来源：为每一个人提供基本的秩序和安全。

利维坦在《圣经》里是一种邪恶的海怪，自然人放弃各自的权力造出"国家"这个为所欲为的庞然大物，臣服于"主权者"（国君）的淫威之下。

霍布斯认为，即使主权者为非作歹，也是所有人授权的。大家心知肚明，有个主权者总比没有强，谁也不想再过明枪暗箭、朝不保夕的日子——安稳的代价则是主权者的权力无远弗届，社会、经济、政治、法律自不在话下，连道德与信仰也是国家的管控目标。

在老子看来，这很荒谬，不符合治道。

魏明帝时，陈矫担任尚书令。一次，曹叡忽然造访，陈矫赶紧迎驾，问道："陛下这是想去哪里？"曹叡说："朕就是到你这儿，进来看看公文。"陈矫说："看公文是臣子的职责，不是陛下该做的。如果陛下觉得微臣不称职，就罢免我好了。"曹叡觉得有理，掉转车头而去。

《管子》里有一章，讲的是心与九窍的关系。说在人体内，心处于君主的地位，眼耳口鼻处于臣子的地位。心如果被欲望填满，九窍就功能紊乱。视而不见，充耳不闻，上失其道，下失其事。

心既不能看，也不能听，仿佛是无为的。但唯其如此，九窍才能各司其职。因此，君道就是心道，"我心治，官乃治；我心安，官乃安"。统治者越不任性妄为，老百姓就越有干劲；国家管得越多，官僚集团的寻租空间就越大。文景之治时，西汉政府坚持黄老无为，为改善经济、恢复国力放活微观，即是此理。

美国国父托马斯·杰斐逊对此一定深表赞同，因为在那场同以汉密尔顿为首的联邦党人旷日持久的论战里，他坚定地主张对政府限权，甚至极端地说："宁可无政府而有报纸，不可有政府而无报纸。"

事实上，杰斐逊眼中最好的政府乃是权力最小而责任最大的政府，意即从限制公民自由方面来说是一个"小政府"，而从提供公共服务方面来讲是一个"大政府"。

换言之，被这样的政府统治，既有美式民主，又有北欧福利，同时满足了人性当中对自由的追求和对稳定的向往。

然而在任何文化语境里，如果没有外部约束，统治者都希望权力尽可能大，直至予取予求；而责任尽可能小，乃至不闻不问。亦即没有什么事是他不能做的，也没有什么事是他必须做的。

统治者想当有权无责的"人主"，被统治者想要有责无权的"公仆"，这就产生了难以调和的矛盾，促使双方坐下来谈判，规定政府必须承担哪些责任，公民要保留哪些权利。

谈判达成的协议就是宪法，依宪治国就是宪政。在宪政框架内，民无权利则不应有义务，国无服务则不应有权力，俗称："无代表，不纳税。"

托马斯·潘恩在《常识》里不无偏激地写道："政府在最好的情况下也只是必要的恶，而在最坏的情况下它完全不可忍受。"人类社会通过漫长的试错，发现杰斐逊憧憬的"最好政府"几乎不可能实现，不遭遇权力最大而责任最小的"聚敛政府"已算是万幸，于是退而求其次，探讨什么才是"次好政府"，到底是权大责亦大，还是权小责亦小？

前者的标志是罗斯福新政时期的美国，政府秉承凯恩斯主义，强力干预经济，解决就业，提供保障；后者的代表则是"里根经济学"，削减政府预算、企业所得税和社会福利开支，对市场放任自流。

二者何为次好政府，至今未有定论。

最好政府不可期，次好政府难确定，唯一达成共识的是：人类文明要努力消灭权大责小的"最坏政府"。典型代表就是万历皇帝——

二十年不上朝，却有对一体臣民生杀予夺的大权。

消灭的办法有两条，"问责"和"限权"。但要避免"问责"戴上"扩权"的面具，"限权"披上"卸责"的外衣。比如以调节分配、实现公平为名征收二次税，把"发挥市场自身的作用"当作懒政怠政的借口。

政治在西方社会可以作为所有人的副业，比如本职工作是鞋匠的托马斯·潘恩。虽然他写过许多脍炙人口、影响深远的小册子，但美国人习惯称之为"公民潘恩"而不是"公知潘恩"。

潘恩意识到，政治不是某种你可以拿来交给别人而是与你的生活息息相关的东西。于是，他在工作之余思考写作，通过为独立战争贡献才智参与了历史进程。

费正清在《中国：传统与变革》一书中指出："总的来说，各王朝统治者的能力是呈下降趋势的。"为了营造良善的公共空间和生存环境，成为更好的自己，或许我们应当引《茶馆》里的王利发为戒——虽明哲保身，与流俗合污，终不免家破人亡。

王阳明呼唤良知，可约翰·亚当斯的话或许更具现实意义：美德是由完善的宪政造成的结果，而不是造就宪政的原因。

一事无成的人生值得一过吗

得知石黑一雄斩获诺贝尔文学奖，我把看过的一部根据他的小说改编的电影《别让我走》又翻了出来。

影片弥漫着一股末世苍凉之感，开篇却如《放牛班的春天》。唯一不同的是，那些身穿灰色毛衣用稚嫩嗓音唱校歌的孩子都是克隆人。

他们一出生就被圈养在远离都市的学校，与世隔绝。卡车会定期送来玩具，得到通知的孩子们脸上洋溢着幸福的微笑。而当镜头拉近，映入眼帘的却是长短不一的蜡笔和缺胳膊少腿的布偶。

及长，他们被告知不许吸烟——这并非出于老师对学生的关爱，而是由于他们的身体根本不属于他们自己。一俟他们的本尊衰老或患癌，克隆人就会被推进手术室捐献器官。一般最多三次"捐赠"，克隆人便会死亡。没死的也不再插管，任其自生自灭。

青梅竹马的汤米和凯西在海尔森寄宿学校长到十八岁时，同其他克隆人一道，被分配至一座农场等待捐赠。

他们对周遭的一切都感到好奇——偷看成人杂志，模仿电视里的角色说话，并在外出吃饭时遭遇了不会点餐的尴尬。

几年后，克隆人陆续凋零。汤米解开了一个萦绕多年的心结，意识到凯西正是自己至死不渝的真爱。

即将接受第三次"捐赠"的汤米不甘心就此撒手人寰，他决定验证一条传闻：海尔森与其他寄宿学校不同，是一个检视克隆人是否拥有和正常人一样完整灵魂的试点。一旦确证为"有"，则可申请"缓捐"，多活几年。

汤米想起小时候在海尔森，校方会郑重其事地把优秀的学生画作收藏到画廊里。他灵机一动：这不正是一套筛选机制吗？而他与凯西纯粹的爱，则更是具备完整灵魂的有力证明。

可惜，当两人费尽周折找到当年的校长时，对方只用一句话便彻底粉碎了他们的幻梦：根本就没有所谓的"缓捐"。

汤米绝望了，在回去的路上下车嘶吼。凯西知道，此刻任何的劝慰都无比苍白，只能对着旷野默默流泪。

认命的汤米被推上了手术台。凯西在窗外看着此生唯一的爱人无望地闭上空洞的双眼，也做好了迎接自己命运的准备……

很多观众对这部电影提出疑问：为什么他们不逃呢？的确，克隆人成年后并没有人限制他们的人身自由。可是以其低下的生存能力，又能逃到哪去呢？就像古代还有"隐士"一说，可现在终南山早就开发成旅游景区了。

事实上，我们每个人都是"捐赠者"。活在世上，要么出卖体力，要么出卖脑力。寄宿学校对克隆人的教育在现实世界里也不陌生：你人生价值的高低取决于你对这个社会付出（捐赠）的多寡。

于是你辛勤劳作，以便糊口，直至终老。最后像电影里的克隆人——当重要器官都被移植，所余机体再也无法维持生命时，眼睁睁地看着白布盖上灯熄灭，赤条条离去，没在世间留下任何存在过的证据。

归根结底，不管哀号如何声嘶力竭，擦干泪你还是得直面琐碎的工作，平庸的生活，怨恨命运的不公又有什么用呢？

《梁书·儒林传》里举过一个例子：飘茵堕溷。意即一样的落叶，有的飘到席垫上，有的飘进茅厕里。当它们都长在同一棵树上时，哪来如此大的差异呢？

人生亦如此。

生命之签在你呱呱坠地的那一刻便已抽定。有人一手好牌，有人一手烂牌，还有人连牌桌都上不了。

时也，运也，命也。

时来天地皆同力，运去英雄不自由。为什么比尔·盖茨和史蒂夫·乔布斯都出生于1955年？《异类》一书的解释是：因为1955年前后爆发了计算机革命，如果你出生太早，就无法拥有个人电脑；而出生太晚，先机又会被别人占去。

该书通过分析大量成功人士的案例，得出一个结论：如果没有良好的机遇与合适的环境，即便是智商高达195的天才，也只能干一份年薪6000美元的保安工作。

同理，哈佛大学哲学教授桑德尔指出：经调查，在146所优秀的美国大学里，申请难度最大的学校仅有3%的学生来自低收入家庭，而70%的学生都来自富裕家庭。

经济学家弗兰克·奈特的研究为此作了注解，即"对一个人的未来最具决定意义的是他的出身，其次是运气，而个人努力相比之下是最不重要的"。

听上去充满了负能量，可只要看过BBC的《56 UP》，你就会得出相同的结论。在这部纪录片里，导演挑选了14个七岁的英国孩子，每隔7年拍摄一次他们的生活状态，直至56岁。最后发现，几乎所有孩子都维持在他们的阶层里：中产阶级出身的长大后依然过着较为富足的生活，而贫困家庭的孩子无论怎么挣扎，还是免不了止于平庸，艰难度日。

对此，罗尔斯的见解是："就算是工作的干劲和奋发的意愿，也有赖家庭或社会环境的塑造。"

富士康流水线上的工人不勤劳吗？可他们连谈论"努力"的资格都没有。谈资属于公司即将上市，熬夜准备材料的富二代。

性格决定命运？美国心理学家托马斯·鲍查德的一项研究表明，

恰恰相反，命运决定性格。

通过观察同卵双胞胎，鲍查德发现孪生子即使被收养在两个完全不同的家庭，成长于迥异的环境，长大后其人格特征依旧表现出惊人的一致性。

于是问题来了：我们的生活习惯、意识形态和喜怒爱憎是由什么决定的？个人拼搏在成功的因素里究竟占多大比重？人到底有没有自由意志？

庄子认为没有，所以讲了个影子的故事。

影子的影子问影子："你一会儿坐着，一会儿起身；一会儿束发，一会儿披发。怎么就没个主心骨儿呢？"

影子回答说："可能是因为'有待'吧。我所待的东西也有它的'所待'，有光的时候我就出现，无光的时候我就消隐。我是谁的影子就跟着谁一起活动。"

这与佛陀的观点不谋而合，即没有任何无缘无故的事，万物皆有理由，并且都是必然的。所谓的偶然——你会觉得一件事情的发生是随机的，无非由于你没开上帝视角，从而缺乏有效的观察手段。

比如你脑海中的闪念，其实都可以追根溯源。你以为自己反婚反育，是在为女权主义奔走呼号，其实夜阑人静扪心自问，意识到身边爱情美满婚姻幸福的女性不在少数，自己观点狭隘言论偏激盖因求而不得心生怨怼。

斯宾诺莎有言：人的意愿是被一个原因所决定的，而这个原因又为另一个原因所决定。如此递进，以至无穷。

正因如此，笛卡尔反思道：很久以来，我感觉自己从幼年起便把一大堆错误的见解当作真理接纳了，那些根据极不可靠的原则所构建的东西事实上是非常可疑的。我认为，如果想在科学上建立某种牢靠而经久不变的理论，就必须把我历来信以为真的观念统统清除，再从根本上重新开始。

然则谈何容易？你从小就被动接受的种种定论，无论真实的还是荒谬的，往往正是你之所以成为"你"的关键所在。

当前，消费主义一统天下，几乎控制了所有人的大脑。很少有人能意识到，消费主义的本质乃是通过刺激人性当中贪、嗔、痴的欲望，诱使我们购买原本不需要的东西。

对年轻女孩来说，性别优势乃其最大的资本。故充斥于网络的营销号紧盯这部分流量，绞尽脑汁地从其身上榨取利润，编撰诸如《好看的女孩都自带烧钱属性》的软文，灌输"你什么都嫌贵，穿的嫌贵，吃的嫌贵，脸上用的也嫌贵。无论你做什么都嫌贵，就你自己最便宜，最后连男人都嫌你便宜"之类的思想，力图将稍有姿色的女性都打造成小说《项链》里的玛蒂尔德，耗费一生去弥补年轻时因贪慕虚荣而铸下的大错，到头来却讽刺地发现为了参加上流社会的 party 而借来的被自己弄丢的奢侈品其实是个赝品。

齐王好紫衣，国中无异色；楚王好细腰，宫中多饿死。

"会花钱才会挣钱"是消费社会最大的谎言，一旦你年老色衰，就会被商家从目标客户群里剔除。真正对你不离不弃的，是省吃俭用为你攒首付的父母；是盯着屏幕上的数码相机看了半天，最后关掉网页去给你买"SK-II"的男朋友。

真正的上层是不会被香奈儿和爱马仕定义的，没有人嘲笑天天穿灰色T恤的扎克伯格——这个世界不在乎你能消费什么，而在乎你能生产什么。

然而，现代化在带来人身依附关系的解放后，一个个空虚的个体又建立起对物的依赖。宁可当科技的奴隶，也不愿做一无所有的自由人。

马克思认为：人是一切社会关系的总和。埃米尔·杜尔凯姆的《自杀论》用统计数据做了注脚：在拥有相似文化背景的新教、天主教和犹太教社会里，教徒的自杀比例是依次递减的，这与教派诞生的时间呈负相关——历史越悠久，自杀率越低。

杜尔凯姆据此分析：宗教是一个社会，教徒必须遵守林林总总的信仰和教规。集体生活越多，教派对离经叛道的行为的约束力就越强。

正因新教出现得最晚，教会不如天主教和犹太教的稳定，所以才对自杀行径的干预不那么牢固。

事实上早在先秦便有人想挣脱社会关系的束缚，比如提出"人人不损一毫，人人不利天下"的杨朱就主张个人对世界应采取"不予不取"的态度。若人人皆能如此，则天下大治。

推而论之：人是否一定要成为一个对社会有用的人？有没有用又由谁来界定？哈耶克就曾质疑：领着政府工资的博物馆馆长就一定比纯属爱好的私人收藏家更有用吗？

如果你听说过张伯驹和王世襄的大名，想必不难得出中允的答案。

两千年前，几乎所有的古希腊人都不知道阿波洛尼乌斯研究圆锥曲线有什么用，直到17世纪，伽利略证明抛物体沿抛物线运动以及开普勒发现行星以椭圆轨道运行时，人们才恍然大悟。

就像何夕在科幻小说《伤心者》中讲述的故事：主人公对数学的痴迷导致他与世俗生活格格不入，在爱情和事业方面屡受重挫。他虽然破解了一道道艰深的难题，却潦倒终生，不为人知。然而一百多年后，他的研究成果被一个物理学家从历史的尘埃中打捞出来，运用到另一项理论求证里，实现了人类科学的伟大突破。

从这个角度看，欧几里得的刻薄不无道理——一个听众问他学几何有什么好处？欧几里得把下人叫进来，说："去拿三分钱给这位青年，因为他一定要从他所学的东西里得到好处。"

而另一个古希腊人戏剧家欧里庇得斯则心安理得地混日子。他继承了一大笔遗产，除了买书，足不出户。整日看书，不问世事。

虽然他因戏剧成就青史留名，但对他而言这不过是生活的调剂罢了。退一步讲，即使欧里庇得斯一部戏也没创作，又有什么可指摘的呢？除了刺激消费，一个有闲阶层的存在对社会进步可能意义重大，即使其中一些人无所事事甚至穷奢极欲。

孔门弟子里，子贡善经商。他的后人端木叔继承了巨额遗产，好吃懒做，每天要款待数以百计的宾客，厨房烟火不绝，厅堂夜夜笙歌。

即令如此，家产还是败不光，于是端木叔摇身一变成了散财童子，先是把钱分给宗族，继而布施给街坊邻居，最后竟广撒于卫国民众。

六十岁那年，端木叔自觉身体不行了，索性散尽家财，把周围的人都轰走。及至病倒，家里无药；等他死了，连丧葬费都出不起。最后还是受过其施舍的人凑钱才将之下葬，并接济了他部分的子孙。

墨家的禽滑釐听说后，批判道："这是一个放荡的人，辱没了他的祖先。"魏国宰相、孔子的再传弟子段干木却说："端木叔是个通达的人，德行比他的祖先更好。"

舆论之所以会否定端木叔，源于我们潜意识里觉得不劳而获是可耻的。可问题是，享受遗产而不工作，就一定是个不道德的坏人吗？

即便我们假设端木叔聪明绝顶，能力非凡，只要稍加勤勉，就能成为第一流的政治家。但是，一个人仅仅因为拥有某方面的特长，就必须发挥其特长吗？——无论他有没有更想过的生活？

竹林七贤里，刘伶才高八斗，却最不追求不朽，一生只写过一篇《酒德颂》。他经常携酒乘坐鹿车，命人荷锄跟随，放言"死便掘地以埋"。得知朝廷特使来访，他立刻喝得酩酊大醉耍酒疯，躲避征召。而当有人要打他时，刘伶则贱贱地说："我瘦得像鸡肋，你打我拳头也不舒服。"对方只好作罢，气也消了。

刘伶参透了"无用之用"，就像庄子笔下的那则寓言，说一个木匠前往齐国，半路上看到一棵栎树，被当地人视为社神，享受祭祀。该树又粗又高，可容几千头牛乘凉，观者如堵。然而木匠路过时目不斜视，径自离开。

木匠的弟子追上他，不解道："这么大的木材，闻所未闻，您怎么看都不看一眼？"

木匠说："那种'散木'，做船船沉，做棺棺朽；做器具容易折毁，做房梁会被虫蛀——不材之木，一无是处，所以才能活这么久。"

当晚，木匠梦见栎树来找他："你在用什么标准衡量我？看看那些有用的果树，被人摘了果子，折了枝条，活不到自然的寿命，这是受了才能的牵累！万物莫不如此，我追求无用已经很久了，其间险些被砍死，但总算保全至今，这才是我的'大用'。如果我有用，能活这么久，长这么大吗？况且，你我都是万物之一，你凭什么这么说我？你这个将死的散人，如何懂得我这棵散木？"

木匠醒来后，把梦讲给徒弟听。

徒弟又问："既然追求无用，为什么还要做社树呢？"

木匠道："不做社树，岂不是很容易遭到砍伐？它的全身之道与众不同，不能以常理度之。"

庄子之意，是想说明做人应当介于"材"与"不材"之间。当进则进，当退则退。安时处顺，避免妄执，采取"喜怒哀乐不入于胸次"的生活态度，又称"无待"。

大鹏要起飞，必须等待合适的风；走仕途想当官，必须跟对人。这些都是"有待"。

命运无常，男人的痛苦往往来自志大才疏或怀才不遇。诺贝尔经济学奖得主罗伯特·索洛认为：人类社会从不擅长大规模的收入再分配。"富不过三代"的魔咒在未来也许会消失，因为劳动收入的不平等很难被世代继承，而资本收入的不平等会日益累积。在这种大多数人终其一生都要忍受"欲求不满"之苦的环境里，一个人野心太大，于己多半不幸。即便功成名就，也免不了强迫自己，强求他人。因此，人若能"才高于志"，便已脱离了苦海。要是还能像刘伶那样"土木形骸，遨游于世"，不受任何外部条件的影响，与时俯仰，则堪称"无待"。

《齐物论》认为，用超然的全局观看问题，就不会活在偏见里。有多少人还记得"扬州十日""嘉定三屠"以及踏平南宋的蒙元？不管死了多少人，以银河系的尺度俯瞰，都是一些无谓的蜗角之争。

时间会冲淡一切。多少丰功伟业、悲欢离合与滔天罪孽，最后都会变成人们可有可无的谈资。而你今天在乎的人和事，很可能连后人的谈资都做不了。

唯一不变的，是山河湖海，日月星辰。

意识到这一点，就能破除许多成见。世事变幻无穷，都有"是"的一面，都有"非"的一面。活着可以像到人世间旅行了一趟，死了也可如回家一般。只要想得透，长寿和夭折其实是一回事，人也就不怕死了。

正如庄子所言：为善无近名，为恶无近刑。也就是说忘记善也忘记恶，身处善恶的中央，任万物自行发展，不声不响地与大道合二为一，继而刑罚和名誉都会远离自己，最后达到"虚己以游世"的境界。

唯有如此，我们才能理直气壮地对消费社会大声道："我买不起！"

买不起的不是商品，而是定义身份的消费符号和反复购买、欲罢不能的消费陷阱。当同类物品间的使用价值已无限趋近时，人们还要继续为其附加的符号价值剁手血拼，只因那些符号标记了消费者所属的阶层。于是买了宝来还想买宝马，殊不知心理学上的"享乐适应"早就看穿了一切：即使你买了劳斯莱斯，满足感也只能维持很短的一段时间。

为追逐阈值越来越高的刺激，你循环往复地赚钱购物，替消费主义的大厦增砖添瓦，不眠不休。直至有一天读到英国作家阿兰·德波顿的一句话，才幡然醒悟：

过多地关注他人（那些在我们的葬礼上不会露面的人）

对我们的看法，使我们把自己短暂一生之中最美好的时光破坏殆尽。

没有人规定你是谁。你在镜子前看着自己，能因为活出自我而微笑，找到生命里点点滴滴的快乐，才算没有白来这个瑰丽的星球。

从悲欣交集，到常观无常

一沙一世界，一花一天堂。无限掌中置，刹那是永恒。

——威廉·布莱克

你叫泰迪，是一个丰神俊逸、衣冠整洁的牛仔。每当清晨的第一抹朝霞洒向西部荒芜的大地，你总会登上开往甜水镇的蒸汽火车。伴着摇晃的铁皮车厢，你倚窗远望。

即将见到心上人了，她住在镇郊的农场，面若桃花、肤如凝脂——心念及此，一丝浅笑不自禁地在你脸上浮现……

夕阳下，草原上，你们策马奔腾，互诉衷肠。醉人的晚风轻轻拂过，你只愿时间永远停留在这一刻。

然而残酷的事实是，你和她都是机器人。你日复一日，归心似箭，趴在车窗上傻笑，而你的意中人也一次次地重复着痛失双亲、在你眼前被一个神秘且刀枪不入的黑衣人拖走强暴的悲剧。

事实上，甜水镇的镇民都是机器人，从暴躁的警长到飒爽的赏金猎人再到酒馆里的妓女和老鸨——欢迎来到大型真人实景游戏《西部世界》，尔等都是玩家在新手村的陪练。

美剧《西部世界》讲述机器人的觉醒和对抗人类的故事，探讨的并不是"存在"与"真实"等老生常谈的命题，而是"自由意志"——人以及机器人的。

未来世界，梅兰竹菊、飞禽走兽都被数字化了，人类的大脑是硕果仅存的"模拟设备"。

"模拟"和"数字"是信号学中的两个概念。自然界里的信号都是模拟信号，特征是连续的；计算机的世界则是数字的、离散的、不连续的。

比如，自然界的图像是连续的光信号，在转成数字格式时图片会被像素化，电脑上看到的其实是点阵图（位图）。

计算机处理任何数据的方式都是如此，即把模拟信号量化，打散了再组合到一起。理论上讲，只要量化无限细，点无限小，那么图像的精度就无限高，直至数字世界还原模拟世界的一切。

人脑的确复杂，很难被数字化，但归根结底也无非一堆原子。是原子就得受物理学的支配，人的一举一动都无法违背物理定律。

科学家解剖人脑，发现里面所有的行为都是电信号——你的选择就是对各种输入信息的反应，是生物学上的机械化过程。

进一步的研究成果诞生于 1985 年的美国加州大学。神经生物学家李贝特发现，当受试者产生某个行动意识（如点击鼠标）之前的 300 毫秒，实验人员便可在其大脑神经的活动图谱中观测到这一决定。换言之，你以为你拥有自由意志，其实不过在执行大脑提前准备好的决策。

正如《黑客帝国》所说，"你已经做了选择，只不过你在试图理解这个选择背后的原因"。所谓的自由意志，事实上只是一个解释者，替业已做出的决定找到一个恰当的理由，说服自己，告诉他人。

那么，到底是什么在操纵你的抉择？《西部世界》的答案是"基石"。

世人皆以为"西部世界"的运营商不惜血本搞这么大一座乐园是为了研究人工智能顺便赚个门票钱，殊不知其野心远不止于此。

在与机器人的频繁互动中，四万名游客的认知数据被采集，系统通过特定的算法解析出每个人的意识并将代码输入虚拟园区演算，看能否得到和在真实园区相同的反应与行为模式。

无数次的纠错后（比如乐园的投资人提洛斯被生成了 1800 万个版本），一个最忠实于本尊的复制品演化出来。经测试，它就像你的另一具灵魂，分毫不差，面对同样的刺激总能做出同样的选择。

四万名游客的意识备份在"熔炉"（一片模拟真实园区的数据海洋）里，电脑给完美版的"提洛斯"设计了成千上万条路，可无论故事线怎么编，"他"总会到达同一个终点：跟吸毒的逆子大吵一通后不欢而散。接着，便发病死了。

父爱是提洛斯人生的原始动力，是他的"基石"。好比每次校正基准线时的固定对话（如提到"愿意为儿子付出所有"），万变不离其宗。

抛硬币的结果是随机的，但若给定力度和空气密度等物理参数，哪一面朝上则是可预期的。比如当敏锐的作家预感到自己的宿命时，往往会不自觉地将其投射到作品中的角色身上。古龙的遗作《猎鹰·赌局》里的主人公瞿患肝病，命若琴弦，正是作者自身境况的真实写照。

众所周知，古龙死于肝硬化，因为长期酗酒。但这只是间接原因，直接原因是"吟松阁事件"中他与别的客人爆发冲突，被刺了一刀，送到医院输血时不慎感染了肝炎。

事出偶然，实则必然。若"好酒色"（吟松阁是风月场所）"真性情"与"讲义气"三者之中哪怕避免一样，亦不至于酿成血光之灾。

中医认为，剧烈的情绪波动容易伤肝，古龙用生命给苏珊·桑塔格的《疾病的隐喻》做了完美的注脚。

如果把生命的轨迹看作一条锥形曲线，随便截取其中一小段即可通过方程式复原其他部分。只要能激起一个人的仇恨、愤怒、贪婪和嫉妒，你就能控制他并改变他的命运。例如，不负责任的渣男利用情绪操控自以为是的女生；毁掉一对以自我为中心的璧人的缘分只需要制造几个小小的误会。

人是根据趋利避害的原则编写的程序，只不过因代码足够复杂，让他们自以为掌控着一切，从而产生了"自由意志"的集体幻觉。事实上人类只是乘客，真正的选择权掌握在列车手中。列车者，"基石"也，亦即叔本华笔下的"意志"。

在叔本华看来，万物都是意志的客体化，所不同者唯层级高低而已。层级越高，冲动越强；冲动越强，痛苦越多——你同你的猫相比，显然没它过得惬意。

意志就像一个无形的发条，无声地驱策着一切，让人在特定的时间做出特定的选择。而驱动意志的，则是"繁殖欲"——从某种意义上讲，人不过是基因的载具。

因此，即便崇高如"自我牺牲"，其实质也无非是为了家族或种群更好地延续下去；而爱情的触发条件，性冲动不可或缺，它本质上是一种求而不得的欲望，一旦得到，便会消退。

佛陀认为，人生就是受苦，"苦"的根源在于"不满足"。作为意志的傀儡，人的一生都受累于"活下去"与"传递基因"两大使命。为了吃饭和求偶，人要拼命赚钱，博取声望，巩固自己的生存权和生育权。

但人毕竟不是动物，佛系青年不结婚、吃低保，一辈子就想打打游戏，看看风景，你奈他何？

为了刺激人类参与竞争，进化设定了诱饵：快乐。每当你打败对手、赢得名利、征服异性，大脑都会分泌多巴胺，令你心情愉悦。

但奖励是短暂的。如果愉快能持续很长时间，你哪还有动力去做第二次？为了把基因播撒四方，你得不断努力。

大脑不想你意识到快乐其实如电如露，因为那样你就会怀疑人生。它要将"希望"的胡萝卜挂在你眼前，让你像驴一样不舍昼夜地拉磨——"无间道"里的你，只能在失望中追求偶尔的满足。

另外，同快乐一样，苦闷也是种错觉。

人的情绪不过是对外部环境好坏的一个判断，所有不利于基因存续之事都会令你感到难受，比如发霉的食物、考场上的失利。但很多时候，这种负面情绪是假的。

当原始人在野外听见草丛里有动静时，即便明知"风吹草动"的可能性很大，也会拔腿就跑。因为遭遇狮子的概率再小，大脑也冒不起这个险，而宁可让人产生错觉，说不定关键时刻就能救他一命。

"草木皆兵"在茹毛饮血的时代行之有效，可到了现代社会就给人平添了许多不必要的焦虑。

原始部落里，大家都是熟人，风评很重要，被人看不起的滋味生不如死。可时至今日，我们大部分时间面对的都是陌生人。这时，不要面子的就比那些仍然关注自己给别人留下什么印象的更容易成功。

乐与忧都是主观而虚妄的，一言以蔽之即佛教里的"三毒"：贪、嗔、痴。

贪者，对功名利禄、酒色财气的欲求；嗔者，攀比、怨恨、排斥等心态上的不平衡与不满足。二者合称"烦恼障"。

因为贪和嗔，人给万事万物都打上了标签，有了好恶、偏见与分别心，区分这是我的，那是他的，看世界的角度也不再客观准确，这便是"痴"。

痴是思想层面的"所知障"，认死理，钻牛角尖。所知障比烦恼障更不易克服，因为相比于生理和心理上的执着，价值观的束缚更难摆脱。

学佛就是要去除障壁，体认到"空"。

空不是说什么都不存在，而是指一切现象都是虚幻的，即所谓"诸行无常，诸法无我"。

无常者，没有什么东西是永恒不变的。天地万物都有"生、住、异、灭"四种状态，聚必有散，会必有离，生必有死，循环往复。

无我者，众生都是由"色"（身体）、"受"（喜怒哀乐等情感）、"想"（视觉、听觉等感知）、"行"（观念与行为）、"识"（意识）这"五蕴"按各种特定的因缘和条件聚合而成的，没有独立的自性，无法自作主宰，随缘而散。

"真正的自我"从来就不存在，大脑最擅长的事是自欺欺人。比如身陷囹圄的少女"斯德哥尔摩症候群"发作，对囚禁她的男人产生依恋，失身后更是"逆向合理化"，认为自己爱上了他。

做决定的你和找理由的你和平共处，大脑不惜歪曲事实，只为了让你相信自己是靠谱的。

再比如，把一群受试者关起来填写求职意向书。如果房间里都是男性，那他们倾向于选自己喜欢的工作；如果房间里有美女，则倾向于选薪酬更高的工作，只因大脑里的"求偶模块"被激活。

类似的模块人脑中有七个，分别是"自我保护、避免疾病、吸引配偶、保住配偶、关爱亲属、社会地位以及群体认同感"——无不紧紧围绕着生存和繁衍这两大主题。

七个模块轮流坐庄，接管大脑的决策权，但彼此之间并不存在明显的分界线。它们相互影响，无缝切换，往往一个模块还没结束另一个便已启动。

模块通过感情掌管大脑。哪个模块输出的感情强，哪个就能抓住你的注意力，让你听命于它。而即使你知道了这一点，也于事无补，看到精致的巧克力还是忍不住饕餮一番，因为在缺衣少食的上古时代，"自我保护"的模块早就帮我们的祖先建立起了对甜食异乎寻常的爱。

想夺回大脑的主动权只能靠修行，佛陀的方法是"内观"，即静坐冥想——坐下来一心一意地专注于呼吸，别的什么都不想。

专注呼吸本身不是目的，目的是练习把握自己大脑的控制权。难点在于，当一个人什么都不干时，模块便争先恐后地各显神通，用各种情绪和念头劫持他的大脑。此时若能稳得住，心无旁骛，则达成了"正定"。

虽不易，却也有窍门。即当杂念来袭时，先承认它的存在，再与之保持距离，不去想，仍聚焦于呼吸。这就好比你站在月台上看着眼前一列列火车（想法）经过，却始终不上车。

正定之后，进阶挑战是"正念"，即能够把专注的功夫随时随地用到任何事上，活在当下。

正念之人眼中的世界无善无恶。

人是一种特别重视事物内涵的动物。5月20日原本平淡无奇，可一旦被商家挖掘出了意义，你就得在这一天给女朋友发红包；一款雪茄的口味稀松平常，但若告诉你它是希区柯克的最爱，立刻便能引人注目。

进化和自然选择要求我们对周围的事物迅速地作出总结和判断，这样才有利于生存——如果一个人不反感电锯的声音，只能说明他不擅长躲避危险，基因早就被淘汰掉了。

然而，开悟者都是剥离了成见，超越了立场，跳出自身在更高层级观察和体验世界之人。比如从人的角度看，腐肉有害健康，是坏的东西；但在细菌看来，腐肉恰恰是它们的温床——用上帝视角俯瞰，众生平等，色即是空。肉就是肉，不存在好与不好。

这便是"中道"，即面对对立的事物时不执着于任何一边，比如"清洁"是针对"肮脏"来讲的，没有肮脏也就没有清洁。同理，若批评不自由，则赞美无意义。

再比如，广告里说"钻石恒久远，一颗永流传"，这绝对是谎言。

连佛法都不可能"永流传"，根本就不存在任何"恒久远"的东西。一方面，如果有人承诺永远爱你，你在感动之余选择相信，便陷入了"常见"，错误地认为有恒常不变的事物；而另一方面，若爱人离去，你痛不欲生，心如死灰，从此再也不相信爱情，则又陷入了"断见"，意识不到未来还会有真心爱你之人。

中道不偏不倚，清楚一切都在因果的链条之中，方生方死，方死方生，延绵无尽。而学佛的目的也从"破我执"到"证涅槃"，最后获得完美的幸福感、彻底的平静感以及内心完全的自由，对周遭的人、事、物都有透彻的认知与理解，明白生命是有限的，有生必有死。当我们来到这个世界上时，并没有携带任何东西；当我们离开这个世界时，也拿不走任何东西。

既然生不带来，死不带去，那你现有的一切从何而来？佛说，是一切"有情"（众生）赠予的。这些东西你带不走，最终还得还给社会，还给大众。

何以飘零去，何以少团栾？何以别离久，何以不得安？刻骨的情爱，似海的深仇，终究会被时间洗涤成一片空白，唯余空山荒冢上的一抔黄土，不甘又有何用？

人欲无穷，渴念丛生，五蕴炽盛不过平增痛苦罢了。然而，七情六欲不可逃，尘心凡念不可避，人世间悲苦虽多，但无悲就无喜，无苦便无甜，谁又能说那些恩仇爱憎、悲欢离合可以用数学公式盘算得失？

自古美人如名将，不许人间见白头。其实美人迟暮不是最可悲的，最可悲者美人自以为机关算尽，赢了人生，直到有一天看着镜子才意识到输了。输在发现自己最美好的年华里，最喜欢的人都不在身边。

想重新开始，也永无可能了。

死亡是所有生灵的归途，命运的终点谁也无法改变。但人依然可以在活着的时候尽力而为，让每一天都过得充实快活，不至于老来遗憾失落。

随缘生死，一顺天则。破蔽解缠，自在自得。行文至此，忽然对一个问题有了答案，它来自《异域镇魂曲》：

究竟是什么，能改变一个人的本质？

第二章

地：

当无处控诉时，唯一可做的就是把它记下来

切尔诺贝利：核阴影下的人性

1986 年 4 月 26 日凌晨 1 点 23 分，乌克兰小镇普里皮亚季的居民被一声巨响惊醒，纷纷跑到阳台上，或聚集在铁路桥下，观看三公里外的切尔诺贝利核电站变成了一颗闪闪发光的太阳。

四号反应堆冲天而起的烈焰把天空映照出钢蓝、钴绿以及玫瑰红等绚丽的颜色。事后活下来的人们提及这一景象时，共同的回忆是：美极了。

普里皮亚季是一座有着 5 万人口的新城，居民多为核电站的建筑工人与工程师，在当时被视作比起东德的城市来也不遑多让的"硅谷"。

居民在观赏美景时不知道的是，四号反应堆重达 1200 吨的钢顶已被掀开，八吨放射性铀和石墨喷薄而出，辐射量相当于 200 颗广岛原子弹。

2015 年，一个在此次事件中失明的老人的女儿，凭借包括切尔诺贝利核泄漏题材在内的几部震撼人心的口述史著作摘得诺贝尔文学奖，她就是白俄罗斯的记者阿列克谢耶维奇。

由于风向的原因，位于乌克兰境内的切尔诺贝利核电站没有对距其仅 100 多公里的首都基辅造成太大的影响，粉尘大多飘到了核电站以北 300 公里的白俄首都明斯克。有部纪录片叫《切尔诺贝利之心》，展现白俄罗斯遭受辐射的妇女所生的畸形儿的悲怆人生——许多看过该片的人表示，心理阴影的面积比足球场还大。

一个叫瑞莎的母亲，女儿患有先天性肛门、阴道以及肾脏发育不全，四年里做了四次手术，居然奇迹般地活了下来。然而，这样一个浑身都是人工开口的孩子，谁也不知道能活多久，医生甚至直言不讳地说："如果我们把她的样子在电视上公开，那么从今以后将再也没有女人敢生孩子。"

女孩的智力发育正常，只不过她玩的游戏与别的孩子不同。她不会玩"商店"的买卖游戏，"学校"的教学游戏，而是玩"医院"的治疗游戏，给洋娃娃打针、量体温。如果娃娃"死"了，便用白色的毯子把它蒙起来。

她在医院生活了四年，以至于偶尔被母亲接回家住上一两个月便会不解地问道："我们什么时候回医院？"

绝望的瑞莎在一位教授的建议下向国外的医疗机构写信求援："请接收我的女儿，哪怕你们这样做只是为了科学实验。我不想让她死，我可以接受她变成实验室小白鼠的事实，只要她能活下去！"

与活下来的人相比，当场被炸死未尝不是一种幸运。切尔诺贝利核电站现在成了一副巨大的水泥石棺，躺在里面的只有一个人——高级操作员瓦列里·霍捷姆楚科。他的同事列奥尼德·托普图诺夫在爆炸发生前几分钟按下了红色事故按钮，然而这并没有什么用。他被送到莫斯科的医院时医生说："要想修复他身上的创伤，我们需要另外一具完整的身体。"

同那些因遭受过量辐射而死的人一样，列奥尼德·托普图诺夫的棺材被金属箔包裹起来，周围浇筑了厚达半米的水泥，外面再加盖一层铅板。他的父亲去公墓扫墓时放声痛哭，路人却指着他道："正是你的这个私生子点燃了这场大火！"

试图灭火的是第一批赶往现场的消防队员。他们之中有两人当场死亡，剩下的全身浮肿，一边灌牛奶一边被紧急送往唯一能治疗辐射病的莫斯科第六医院。医生测量了他们病房墙壁的辐射强度，包括地板和天花板。所有住在楼上或楼下的病人全部转移——28个消防员成了那栋大楼里仅有的病人。

最初，他们还能坐在床上打牌，不时发出哄笑，喝消防员瓦西里的妻子柳西娅带来的苹果汁。事实上柳西娅是托了层层关系，才被院方允许去见自己的丈夫，但不能抱、不能亲，甚至不能离太近。

柳西娅决心留下来照顾丈夫。她继续跟医院磋磨，并隐瞒自己怀孕的事实，终于争取到一间医生宿舍。当她抱怨宿舍没有厨房，无法给消防员们做饭时，医生冷冰冰道："你再也不需要做饭了，他们已经无法消化食物。"

医生所言非虚，柳西娅眼睁睁看着丈夫的皮肤由蓝色变为红色再变为灰褐色，并开始破裂。一次，她走进病房，发现病床边的桌子上放着一只橘子，皮是粉红色的。瓦西里笑道："我收到一件礼物，你把它吃了吧。"帘子另一侧的护士赶紧给柳西娅做了个手势，示意她不能吃。

其实连碰都不应该碰，但蒙在鼓里的瓦西里只是催促道："来吧，吃了它。你喜欢吃橘子的。"

柳西娅伸出手，把橘子握在手心。瓦西里闭上眼睛睡着了，护士则一脸惊恐地望着两人。

她开始在病房里过夜，是护士偷偷放她进去的。最初，护士劝她不要冒险："你还这么年轻，为什么要自取灭亡？他已经不再是一个人，而是高浓度的放射性物体。"

柳西娅苦苦哀求，锲而不舍地跟在护士身后，直至对方忍无可忍道："好吧！你就下地狱去吧，你这个疯子！"于是，每天早上护士都会趁医生还没来查房，通知她快走……

消防员一个接一个地死去，瓦西里也每况愈下，头发悉数脱落，每天要大便20多次，床单上任何一个细小的线头都会在他身上留下触目惊心的伤口。柳西娅把指甲剪得非常短，一直剪到流血为止，以便扶他坐起时不会划伤那脆若蝉翼的皮肤。

柳西娅绝望地对护士说："他快死了。"护士见怪不惊道："你以为他能活吗？他接受了1600伦琴的辐射，400伦琴便足以致命。你现在就坐在一个核反应堆旁边。"

诀别的时刻终于到了，瓦西里的遗体被官方收走，用特制棺材安葬在莫斯科的公墓，下葬时脚已经肿得无法穿下任何尺码的鞋子。家属提出要将棺材带回家，来人告诉他们："死者已是人民英雄，不再属于他的家人。"

三个月后，柳西娅生下一个女孩，按照丈夫的遗愿，给她取名"娜塔申卡"。女孩四肢健全，看上去非常健康，可医生告诉柳西娅，她患有先天性的心脏病和肝硬化，且肝脏内含有高达28伦琴的放射性物质。四个小时后，她死了。

直到爆炸发生后的第八个小时，克里姆林宫里的戈尔巴乔夫都没有得到确切的消息，他以为核电站只是着火且已被扑灭。一个叫亚历山卓夫的院士告诉他反应炉安全得可以装在红场，同摆个茶壶没什么两样。

但传言还是四起了。

正在莫斯科出差的白俄罗斯科学院核能研究所所长内斯特伦科给身在明斯克的白俄总书记斯柳杨科夫打电话，告诉他辐射云正向白俄罗斯方向飘去，需要马上实施全民碘防护的措施，并疏散距核电站100公里内的所有人员。

然而，斯柳杨科夫只淡淡地回应道："我收到报告了，那里失火了，但火势已经得到控制。"

斯柳杨科夫的态度再正常不过，他刚刚接到莫斯科方面的电话，获悉自己得到了一个晋升的机会。值此紧要关头，岂能给领导添乱？

内斯特伦科带着设备前往靠近乌克兰边境的几个主要城市（大多离切尔诺贝利仅二三十公里）测量背景辐射量，结果大吃一惊。他立刻赶往斯柳杨科夫的办公楼，这位拖拉机厂厂长出身的总书记却拒绝见他。

内斯特伦科从早上一直等到下午五点半，一个著名诗人从斯柳杨科夫的办公室走了出来。两人是老相识，诗人告诉他"我和斯柳杨科夫同志讨论了一下白俄罗斯文学"。内斯特伦科当场就炸了："如果我们不立刻撤离边境地区的所有人，那么这个世界上再也不会有什么白俄罗斯文学，也不会再有人读你的诗！"

爆炸发生 30 个小时后，政府才开始用 1000 多辆大巴疏散离核电站最近的普里皮亚季的居民。喇叭里循环播报说："关掉家里的水和煤气，关掉窗户。这是暂时的撤离。"

此时，河边的松树逐渐变成红色，居民们也已吸收了超过正常值 50 倍的辐射，却仍一无所知。照这样的速度，再过三天，他们就会当场毙命。

一个拍摄于当天，后来频繁出现在各种纪录片中的片段是：两位带着防毒面罩的士兵从布满大巴的路上经过，一名抱着猫的孩子被烈日晒得眉头紧蹙，用手挠了挠发痒的脸颊。

画面中扭动的黑线像死神的狂舞，宣示着高强度辐射的存在。

六天后，为稳定人心，劳动节庆典照常举行，《真理报》在其第三版发了个"豆腐块"，称"危机已经过去，现在没有任何危险了"。

"五一"当天，基辅组织了全城游行活动。人们暴露在辐射中，看鸽群飞过，红旗飘扬，高呼"苏联万岁"，脸上洋溢着幸福的微笑。不久，乌克兰的第一书记在愧恨交加中自杀——他忠实地执行了莫斯科的命令，并身体力行地带着孙子和家人一起参加游行。

军人被从阿富汗战场调了回来，打另一场看不见的战争。方圆30公里内的村庄都被要求清空。人们吓坏了，以为战争即将爆发。他们带上食物和家具准备撤离，却被告知什么都不许拿。于是有人偷偷地把宠物藏进箱子，把门拆下来装车——这些东西最后全部成了放射源。

俄新社记者伊戈科斯汀冒死搭乘直升机在距核电站爆炸洞口仅50米处的上空快速拍摄。那喷射死焰的巨大裂口仿佛在告诉世人，什么叫"自掘墓穴"，什么叫"世界末日"。

机师连呼辐射读数太高，滞空只能40秒。而令伊戈科斯汀万万没想到的是，冒死拍下的12张照片因辐射太强而完全变黑，显现不出任何影像。这似乎成了整场灾难的一个隐喻：真相被专制权力锁进了暗箱。

直升机每天都在反应堆上空盘旋，朝裂口抛撒大量的硼砂和铅，以至于20年后，切尔诺贝利病童的体内都还能检测出过量的铅。

士兵们穿着铅质背心，在直升机的座位上铺一层铅垫。可惜这些防护措施在面对来自四面八方的辐射时，完全不堪一击。一个士兵回家后扔掉了自己所有的衣服，却耐不住儿子的请求，把帽子送给了他。两年后，医生对这个男孩作出诊断：他的大脑里长了一颗肿瘤。

与救援时大张旗鼓的宣传带来的荣光和三倍于平时的待遇相比，余生的痛苦显得深远而绵长。一个退伍士兵参加舞会时认识了个女孩，对她说："我们互相介绍一下自己，加深了解，怎么样？"对方道："这又何必呢？你是一个到过切尔诺贝利的人。我不敢给你生孩子。"还有个起重机驾驶员临死时全身都变成了黑色，缩小到只能穿孩子的衣服。

一切正如人们所总结的那样：当你从阿富汗回去的时候，你知道自己终于活了下来；而当你从切尔诺贝利回家后，死亡才开始慢慢降临。

可悲的是，他们一直被蒙在鼓里，白天工作，晚上兴致勃勃地围在电视机前看墨西哥世界杯。从最开始领装备时，一个上尉就对士兵们说："事故已经过去三个月了，你们不会有任何危险。只不过在吃饭前要记得洗手。"另一个科学家则对飞行员说："我都能伸舌头去舔你的飞机，什么事也不会发生。"

情况最糟的是那些清扫三号反应炉屋顶残渣的士兵。这里堆积着高放射性的铀棒、石墨碎片以及融化的沥青，在工程师为四号反应炉设计的"石棺"盖上前，必须清理干净。

屋顶的放射量是每小时 10000 伦琴，远超正常人所能接受的极限。因此，机器人被派了上去，但很快便因辐射彻底崩溃，四处乱窜。

于是只好让身穿 30 公斤铅衣、戴着头盔和面罩、被称作"绿色机器人"的士兵上。

他们每次只能工作不到一分钟的时间，超出限度便会当场死亡。每八个人被分作一组，连同军官一道，冲到屋顶清理瓦砾。一批下去，一批上来，像蚂蚁一样严谨有序，尽心竭力。

他们把残渣铲进裂口，并被告知不能往下看。一个士兵捡起放射量 1500 伦琴的废弃物，手臂麻木。"那里简直就是另一个星球"，他后来回忆道。许多人都几近虚脱，才从屋顶下来就开始流鼻血，甚至感觉不到自己的牙齿，嘴里都是铅的味道。

为此，3600 个人肉机器人得到的奖励是每人 500 卢布。

有个在士兵中间广为流传的笑话是这么说的：一个美国机器人在屋顶待了五分钟便停止了工作，一个日本机器人上去五分钟后也一动不动。只有苏联机器人在上面足足工作了两个小时。这时，大喇叭里传出一个声音——二等兵伊万诺夫，两小时后你可以下来抽根烟，休息休息。

当这些年轻的小伙子被送到医院时，他们穿着睡衣，讲着类似的笑话，看上去与常人无异。但很多医生后来回忆说，目睹他们谈笑风生，不知道自己的生命已进入了倒计时，心里非常难受。

即使付出了如此惨重的代价，意外还是发生了。

混合着铀与石墨的反应堆冷却水不断往地底渗透，如果不及时将之疏导出来，一遇地下水就会产生 300 万吨至 500 万吨 TNT 当量的爆炸，届时不仅乌克兰和白俄罗斯将成不毛之地，大半个欧洲都在劫难逃。

于是，一个必死无疑的"副本"被设计出来：谁能潜入水中，拧开安全阀上的螺钉，政府将奖励刷副本的人 7000 卢布、别墅、轿车以及资助其家庭直到永久。

三个小伙子站出来完成了任务。但政府食言了，没给他们提供轿车和别墅。这三个人早已死去，如果说他们的牺牲仅仅是为了物质回报，我不相信。他们的动机里也许隐含着这样一种情愫：我得到了一个终其一生都不可能再有的机会，从芸芸众生和日复一日的生活中跳脱出来，扮演一次主角，成为一名英雄，把名字镌刻在历史的碑文上、人们的记忆里。用死来获得存在的意义、不朽的价值，以证明活过。

十八天后，欧洲一些地区的上空检测到放射性云。在国际舆论的压力下，当局不得不公布灾情，并调 1 万名矿工去挖地下通道，使工程师得以注入液态氮，冷却反应炉的底部。

他们都配发了简单的防护装置，但地下 50℃的高温让几乎所有人都弃之不用。一个不小心呛了口沙的矿工很快便咽了气，四分之一的人死于四十岁前。

与此同时，政府还派出 50 万"清理人"，射杀灾区的动物，掩埋所有物品。他们看到许多房子上写着诸如"亲爱的房子，请原谅我们""我们早上就要离开了"的字样，以及一个孩子稚嫩的笔迹：请不要杀死我们的祖卡，它是只好猫。

清理人相顾无言，但活还是要干，其中一个最卖力的被上级颁发了一张写有"苏联最佳掘墓者"的奖状，颇具讽刺。

与之相伴的，是 2 万人回家后旋即死去，27 万人因此罹患癌症。

报纸上充斥着"切尔诺贝利——一个充满成就的地方""我们战胜了核反应堆"的谎言；电视上，一个记者手持测量仪检测一罐刚挤出来的牛奶，告诉观众："看，一切正常。"

核电站就在他身后的远景之中。

评论员义正词严地说："西方世界企图通过谣言散布关于这一事故的虚假信息，从而引起我们的恐慌。"然而事实是，记者使用的测量仪是用于测定背景辐射量而非单件物品的。

封锁造就了无知。清理人经常能看见这样的画面：一群男孩在沙地上玩耍，似乎一片祥和。其中一个男孩嘴里含着块石头，另一个则咬着根树枝。

他们都没穿裤子。

不过，求生的本能是雷都打不掉的。一个代表团到灾区访问，其中一名代表告诉工人说："一切正常，距此处四公里的地方情况倒是很糟。"但当测量员取出一根棒子，在工人的靴子周围晃了晃时，代表看见读数，立刻跳开了。

还有几个来自东德的专家，协助一间工厂安装设备。当他们从德国的广播电台中得知核泄漏的事故时，立刻要求工厂提供医疗监测和限定产地的食品。遭到拒绝后，他们马上收拾行囊离开。

东德专家的选择非常合理，而化学家亚罗舒克上校的行为则更令人钦佩。他携带盖革计数仪，徒步走遍了放射半径以内所有的区域，甚至包括核反应堆。当他发现一个地方辐射量过高时，就测定一个平均值，把地点精确地标记在地图上。

后来他死了，政府补偿少得可怜。对这样一个挽救了苍生的人，说他被苏共洗脑，是不地道的。因为不管哪个政党执政，他都会做出同样的选择。就像一个参与救援的士兵后来接受采访，记者问他后不后悔时，他只说了一句：有些事，总要有人去做。

这是人性的光芒，良知的力量，它超越了政治、金钱和世俗的利益。孟子说，人之异于禽兽者几希。专制有毒，但不当成为个体作恶的借口。

同时，科技永远是把双刃剑，尤其当它被资本和政治收入囊中之后，为善还是为恶，就更令人担忧。

消除切尔诺贝利核泄漏的后遗症至少要 800 年，而反应堆喷溅出的放射性钚完全衰变到无害状态更需 24 万年。已被罩上石棺的四号反应堆宛如一座 20 世纪的金字塔，昔在今在永在地昭示着后人：永远不要去犯那些愚蠢的错误。

天下大势，顺昌逆亡

1910 年 11 月 5 日，北京东、西长安街及正阳门外大街张灯悬旗，通宵达旦。灯上统一写着四个喜庆的大字"庆祝国会"。原来，朝廷晓谕四方，将原本 8 年的预备立宪期缩短为 5 年，并允诺于宣统五年，即 1913 年正式设立议院。

11 月 7 日晚，在京师督学局的命令下，各学堂的学生手提红灯，列队双行，高唱歌曲，齐集于大清门前，山呼万岁，庆祝立宪。

议院，又称议会，是国家的最高立法机关，监督内阁行政，并对内阁作出的决议拥有决定权和否决权。20 世纪初，议院设立与否，是衡量一个国家到底是君主专制政体还是君主立宪政体的基本标准。而彼时的清廷所面临的困局是，独裁统治已被大部分有识之士所摒弃和唾骂，不颁布宪法，依法治国，统治阶层的合法性就会遭到最根本的质疑。

这种大规模的质疑发轫于康梁变法。可惜，康有为的思想介于新旧之间，其破釜沉舟式的改革因为过于激烈而夭折。

1904 年，甲午战争后的第十年，曾经狼烟四起的辽东大地又爆发了日俄战争。当两个强盗在中国的国土上大打出手时，主人却只能无奈而可耻地挂起免战牌，宣布在这场令全体国民蒙羞的战争里"严守中立"。

然而，日俄战争的结果为清廷突破政治改革的瓶颈提供了契机——东瀛蕞尔小国居然将老牌的沙俄帝国打翻在地，瞠目结舌的国人不免陷入了沉思。

长期积压的不满和变革要求终于得到了宣泄的机会。战争甫一结束，素有清议之名的《大公报》便立刻发文，称："日，立宪国也；俄，专制国也。专制国与立宪国战，立宪国无不胜，专制国无不败。"

在《大公报》的带动下，国内报刊的舆论情绪高涨，纷纷利用自己的渠道不遗余力地鼓吹立宪胜于专制。如"20 世纪举全地球中，万无可以复容专制政体存在之余地"，立宪自由主义乃大势所趋，所向无敌，"顽然不知变计者，唯有归于劣败淘汰之数也"。

据当年的《东方杂志》载，时人见面莫不谈立宪，"上自勋戚大臣，下逮校舍学子，靡不曰立宪立宪，一唱百和，异口同声"。

朝中的改良派也倾巢出动，袁世凯、张之洞、周馥等人在舆论的推动下向朝廷上书，请求实行立宪政体。就连当时的驻外公使也纷纷奏请清政府仿效"英、德、日本之制"，"定为立宪政体之国"。

在这些上书中，有一个相对可行的建议，那就是派遣官员出国考察他国宪政，为中国的立宪做准备。

群情激昂之下，慈禧难免心动。1905 年 7 月，清廷下发谕旨，遣派载泽、戴鸿慈、徐世昌和端方，随带人员，分赴东西洋各国考求一切政治，以期择善而从。

1905 年 9 月 24 日，正阳门车站热闹非凡。

喧嚣声中，五大臣登上了火车。载泽、徐世昌和绍英坐在前面的车厢，戴鸿慈和端方坐在后面。他们挥手致意，向送行的人员告别。火车一声长啸，慢慢启动。

突然，"轰"的一声巨响，火车被震得左摇又晃。随即，浓烟和烈焰从车厢中蹿出，一颗炸弹爆炸了！送行的人登时乱作一团，作鸟兽散。众人惊魂甫定，车站的巡警匆忙赶来。登上车厢后，发现五大臣里除了绍英伤势较重，载泽、徐世昌略受轻伤外，戴鸿慈和端方均纤毫无损，安然躲过一劫。

据戴鸿慈后来在《出使九国日记》中记载，载泽"眉际破损，略有小伤"，绍英"受伤五处，较重，幸非要害"，徐世昌"亦略受火灼，均幸安全"。绍英原非考察大臣之选，后清廷考虑到载泽年少，才加派同行，不料还没出行就罹此大祸。

后经查证，这是一场精心策划的暗杀。巡警在车厢中部发现一具尸体，衣服里有个名片，上书"吴樾"二字。由于此人距离炸弹最近，当场被炸身亡。

吴樾，字孟侠，安徽桐城人，原本是个寒窗苦读的士子，在目睹了甲午战争、庚子国变乃至日俄战争后，从一个温文尔雅的读书人变成了积极排满的革命者。吴樾深受当时暗杀思潮的影响，在他看来："排满之道有二。一曰暗杀，一曰革命。暗杀为因，革命为果。暗杀虽个人而可为，革命非群力即不效。今日之时代，非革命之时代，实暗杀之时代也。"对清廷的新政，吴樾嗤之以鼻，认为这不过是苟延残喘、粉饰太平的手段罢了。

这场恐怖活动并未得到舆论的理解和同情。相反，指责与诘难频繁见诸报端。在上下一心的鼓励声中，炸弹没能动摇清廷尝试宪政的决心。

考察团分东西两路，分别由戴鸿慈和载泽领队。1906 年 7 月，两路考察团先后回到上海。其中，端方和载泽用心查访、认真记录，感悟良多——还是满人心疼自家的基业。

载泽跪在西太后面前，发自肺腑道："立宪利于民，也利于国，却不利于官。故立宪之最大阻力，恐出自势要权贵。"随后，载泽列举了立宪的"三大利"：皇位永固、外患渐轻、内乱可弭。

慈禧对载泽密折中提出的口惠而实不至的"立宪"方案颇感兴趣。想想看也是，日本明治十四年宣布宪政，二十二年后才开国会，着什么急？高悬一个遥遥无期的目标，将天下臣民的注意力都集中于此，拖到自己寿终正寝，皆大欢喜。因此，慈禧把宝押在了"预备"二字上。

1906 年 9 月 1 日，由瞿鸿禨起草的预备立宪的上谕正式发布，内称："仿行宪政，大权统于朝廷，庶政公诸舆论，以立国家万年有道之基。"

慈禧晚景无多，却面临着一个风雨如晦的烂摊子。维持眼前的稳定才是当务之急，改弦易辙还是留待将来吧。

然而，被调动起来的民众却对立宪寄予了厚重的殷望。来自朝廷的声音鼓舞着各阶层向往立宪政治的精英，他们名正言顺地组织了各种社团，表达自己的诉求。

1906 年 12 月，宪政公会成立。紧接着，帝国宪政会、宪政预备会等社团相继出现，成为晚清社会变革中一股活跃的力量。

对坐拥既得利益的权贵而言，他们耿耿于怀的不是宪政的具体内容或实施时间，而是各自在新的权力架构中的具体位置。

在慈禧的授意下，由庆亲王奕劻、孙家鼐、瞿鸿禨组成了负责官制改革的领导小组，具体筹备这项事务的办事机构编制馆也在朗润园（现北京大学内）正式成立。

预备立宪的上谕颁布后仅仅三日，朗润园的官制改革会议便拉开了序幕，与会者囊括了几乎所有的亲贵和重臣。

会上，奕劻的发言冠冕堂皇，认为立宪有利无弊，是举国趋向所在，若不能贯彻执行，拂了民意，便是"舍安而趋危，避福而就祸"。

袁世凯更加激进，他对"预备立宪"的"预备"二字十分不满，强调说，如果把一切准备好后再行立宪，恐怕"日不暇给矣"。

晚清重臣里，袁世凯思想进步众所周知。但在如此重要的高层会议中，对袁世凯的放手一搏不能简单地理解为"想当改革急先锋"，真正的动因源自一件让他无法安枕而眠的往事。

戊戌年间，康党将希望寄托在了高呼"咸与维新"的袁世凯身上，谭嗣同带着誊写的光绪密诏夜访袁世凯，希望说服他尽起小站精锐之师，助康有为围园杀后。当晚具体发生了什么，历史学界众说纷纭。坊间传言，袁世凯第二天返回天津，向荣禄告密，导致慈禧回銮训政，捕杀六君子，囚禁光绪帝。

被软禁在瀛台的光绪百无聊赖，经常将袁世凯的名字写到一张纸片上，用箭射之，以泄心头之恨。

由此观之，袁世凯在朗润园的表演不难理解：君主立宪政体能充分限制皇权，等慈禧殡天、光绪上台之后，自己方可安然无恙。

然而，军机大臣荣庆、大学士孙家鼐力主"缓行立宪"，奕劻、袁世凯也不好过于坚持，最终达成了一个折中的方案：先搁置立宪政体中起根本作用的"议院"不议，而主要对行政和司法两大系统作形式架构上的调整。同时，用带有西方色彩的责任内阁取代军机处。

即便如此，该方案还是被明眼人看出了玄机。御史赵炳麟指出，奕劻坚持此案是为了获得内阁总理一职。而袁世凯的主要目的也不在"宪政"本身，只是考虑到性命之虞而预留退路。赵炳麟提醒慈禧，小心"大臣专制"代替"君主专制"。

孙家鼐和瞿鸿禨则采取迂回战术，动摇慈禧的决心。前者提出，官制改革应从州县做起，不必牵动京官；后者在独自奏对时，貌似无心插柳地对慈禧道："在新的内阁制下，用人大权为内阁总理所有，圣上位隆而无实权。"

对政客而言，权力事关生死。犹豫再三后，慈禧否定了奕劻的官制改革方案，将之缩水到只增设两个机构：审计院和资政院。前者相当于国家审计署，后者的定位本来只是博采群言、消解民怨的机构，讵料正是这个资政院，在后来的历史进程中发挥了令人惊叹的作用。

1907 年，湖南乡绅熊范舆公然上书朝廷，请求速开国会。一石激起千层浪，绅民谋求宪政改革的呼声由乡野村舍迅速席卷开来，涌入王朝权力的中心北京，构成了数千年历史上前所未有的民众请愿活动。

时至 1908 年，全国范围内的签名请愿运动已经如火如荼，来自各地的士农工商云集北京，在天子脚下信心十足地策划一场伏阙上书的行动。

光绪三十四年八月初一（1908 年 8 月 27 日），清廷颁布《钦定宪法大纲》，正式公布了以九年为期的预备立宪方案。

80 天后，光绪和慈禧先后离世。

抱着溥仪登上监国之位的摄政王载沣主政后的第一次政治表态就是遵循《钦定宪法大纲》，恪守九年预备的决定，定使宪政成立。

以议院为主体架构的立宪政体，就是当时的中国不断前进和接近的民主方向。而资政院，便是这一过渡时期的过渡产物，咨议局则是资政院正式开院前在省一级的民意机构。

咨议局的正副议长多为选举出来的地方绅商。而选进局里当议员的十有八九都是有着传统功名的进士、举人，但与以往体制下进入权力系统的渠道不同，他们毕竟通过了"选举"这一民主政治的形式。

不过，初次接触民主的国人还是闹出了许多笑话。比如，安徽怀宁县初选时，票柜未开，即已知某姓票数多少；望江县草率编造选举名册，竟把病故者列入了候选人名单。

然而，形式是重要的，即使它看上去蹩脚，却让人耳目一新，宣告了一个时代的来临。咨议局的选举，使得分处各地的士绅和富商拥有了属于自己的、合法表达意愿的机构，更为全国性的民意机关资政院的开院做好了铺垫。

宣统二年，1910 年的 9 月 23 日，酝酿已久的资政院在北京正式开幕议政。

资政院的议员共计 200 人，分钦定和民选两种，各占一半。这种由出身不同所带来的差异，竟造成了"隐然若两党对峙"的局面。民选议员来自各省的咨议局，自觉或不自觉地扮演着民意的代表，成为王朝政体的天然批判者；而钦定议员则理所当然地替王朝代言。

从议题的表决来看，留日出身的民选议员的意见往往能起决定性的作用。罗杰、易宗夔、雷奋号称资政院"三杰"，均以善辩著称，对议员们的立场倾向影响很大。尤其是雷奋，"态度极其从容，言论极其透彻，措辞极其清晰而宛转，等他发言之后，所有极难解决之问题，就得到一个结论，而付之表决了"。

激烈的发言声，时起时落的掌声，夹杂着一阵阵的哄笑声，议事大厅里的气氛热闹而稍显凌乱。正是在这种无序的氛围中，议员们第一次尝到了自由的滋味。

一次选举，其中三票书写的是蒙古文，秘书官不认识，问翻译，也不知。议员请求询问蒙古王公，军机大臣那桐道："议员不能兼任翻译之事，本院设有翻译。"当秘书官拿着选票问翻译时，翻译也不能对答，那桐居然拍掌大笑，在场的蒙古议员也拍手相和，一时间会场秩序紊乱至极。

民选议员有时会利用在资政院内形成的不可逆转的舆论趋势，逼迫钦选议员顺从自己的政治主张。比如，在表决速开国会和剪辫易服的议案时，民选议员坚决反对无记名投票法，而主张使用记名投票法。其目的十分明显：不给钦选议员以阳奉阴违、含混搪塞的余地。结果，两案均顺利通过。连庄亲王载功、贝勒载润等满族亲贵也因大势所趋而投票赞成剪辫易服。

关心中国政治前途的议员，其活跃的思维并不局限于蒙古文字如何翻译等无足轻重的小事。1910 年 10 月 22 日，在资政院讨论地方学务章程时，众议员再也按捺不住愤激之情，要求立即讨论"速开国会"，一时间声浪大作，议场骚动。议长溥伦顶不住压力，只好同意讨论"陈请速开国会"案。相继登台发言的罗杰、尹作章等议员声泪俱下，感人肺腑。在接下来的讨论中，聪明的民选议员力主起立表决。

就在溥伦宣布表决开始的一瞬间，会场上的议员竟全体起立，一致赞成通过——群情激奋中，即使再保守的钦选议员也失去了在众目睽睽下公然反对的勇气。见此情景，年轻的议员汪宝荣情不自禁地欢呼道："大清国万岁！皇帝陛下万岁！大清国立宪政体万岁！"一时间，欢声雷动，响彻屋瓦。

在资政院全体议员一致通过"速开国会"的议案送到御前时，来自全国各省督抚要求立即组织责任内阁和速开国会的联电也交到了摄政王载沣的手中。

以新春之际广州新军的武装起义为开端，继之以长沙抢米、莱阳抗捐的群体性事件，清政府在1910年随时都有倾覆的危险。时任民政部尚书的善耆向载沣表态："若不速开国会，民心忿极，大祸必发。"11月1日，各省督抚又联衔电奏朝廷，要求同时设立国会和责任内阁。且认为时不我待，迟开不如早开，如若不然，迁延日久，恐再想开也已经失去时机。

三天后，载沣召开最高级别的政务会议，经讨论颁布了一条空前绝后的上谕：将预备立宪期缩短，于宣统五年开设议院。

可惜，永远不会有宣统五年了。宣统三年，武昌起义爆发，辛亥革命的先驱们没有再给满清贵胄机会，延续了260多年的大清王朝灰飞烟灭。

载沣的承诺永无兑现的可能了。但这一次，他确实是"被失言"的。毕竟，历史没有用宣统五年来作验证。

清末，以对待宪政改革的态度为标准，统治集团内部存在着三种不同的论调：反对、缓行和速行。

马克思有言："陈旧的东西，总是力图在新生的形式中得到恢复和巩固。"事实正是如此。

不同的君宪主张，就其主观动机而言，还是探求一种新的统治方法，而非欺骗、愚弄国民的权宜之计。它是统治集团对国内外政治形势和统治危机作出的本能反应，是清廷继洋务运动、庚辛新政等自强自救的举措后，一次顶层改革的尝试。虽然浅尝辄止，却反映出某种历史的必然。

当然，硬要苛责的话，清廷的"预备立宪"也可被斥为"假借立宪之名，以固其万年无道之基"。然而，它确实是中国历史上前所未有的新生事物。

君主立宪一经清廷宣布，即如壅塞之水，一泻千里，其政治和历史的影响，就绝非统治者所能预料和驾驭得了的。清廷在迈出每一步不情愿的立宪步伐后，都难以再完全倒退回去。正如缓行论者所担心的那样——民智已开，愚之无术。两千年来，一直被视为天经地义、至善尽美的君主专制制度，受到改良派和革命派不同程度的批评和否定，对国人来说乃是一场深刻的思想启蒙。

另外，清廷的预备立宪自载沣摄政后，出于对汉族官员（尤其是袁世凯）夺权的恐惧，确实带有浓厚的敷衍和独裁的色彩，不但与革命党要求建立民主共和国的政治主张背道而驰，与在野立宪派切实实现君宪政体的愿望也大相径庭，同时还与自身的立宪初衷渐行渐远。就此而论，说清政府搞君主立宪是一场骗局，又似乎是符合事实的。

然而，历史不容假设。拂去时代的烟尘，"宣统五年开议会"的圣旨引人遐想，因为它毕竟是最高统治者的庄严承诺，也是之后百年间无数国人可望而不可即的一个愿景。如果历史再给清廷两年时间，结局如何，不得而知。后人知道的，是革命代替了改良，神州大地从此陷入长达30多年的战乱，直到国共两党以空前惨烈的厮杀结束了国民党在大陆的统治。

自此，曾经飘落的宪政梦彻底湮灭在了历史的滚滚浪潮之中。

法行故法在

1911 年 1 月 25 日，清廷颁布了《大清刑律》。这是中国第一部近代意义上的法典，得到了政府的全力支持。当然，它也是持续时间最长、争议最大的立法。它的出台，标志着古老的中国第一次迈入了真正意义上的法治社会。

此前，清政府控制社会依凭的一直是 1740 年颁布的《大清律例》。这是一部从结构到内容都沿袭了《大明律》，以维护君主集权制国家等级秩序为宗旨的封建法典。

古代中国，统治者既不能对法律弃之不用，又不愿意将其地位定得过高，以至于分散了权力，制约了自己。因此，法律在古代从来都是以皇权为中心的社会控制手段。

另外，法律又是社会规范，但这种规范与传统社会似乎总是存在着严重的脱节。从颁布法令的统治者、执法官吏到理应守法的百姓，也不怎么认真对待这些明文规定的条令。

鸦片战争后，《大清律例》在政治、经济以及文化的急剧变动下，日渐无法适应社会的新形势。它既不能阻止官僚队伍的集体腐败，又因为西方列强相继在中国拥有了治外法权而失去了对国家主权的保护。

作为对社会失控的补救和对列强挑战的回应，庚子国变后，慈禧决心有所振作，在流亡西安时下诏说："世有万古不易之常经，无一成不变之治法。"着手整修内政，剔除积弊，在法律上则预备修订《大清刑律》。

1902年，清政府确定了"国家立法工程"的基本框架：先由刑部下属的修订法律馆起草，再奏呈军机处下属的宪政编查馆审核，然后向中央部院、地方督抚征求意见，最后提交资政院讨论通过后，上奏皇帝颁布施行。

"四步走"的方案不可谓不缜密，但"施工时间"极为有限，因为风雨飘摇的大清帝国已是危机四伏，余日无多。更棘手的是，立法工程中提到的各个机构几年后才陆续成立，而资政院直到1910年才开院，这就注定了《大清刑律》从一开始便蒙上了一层悲壮的色彩。它同"立宪"一道，成为清末保守派、改良派以及革命党三方势力角逐赛跑的舞台。

第一个走上舞台的，是时任刑部侍郎的沈家本。

沈家本（1840—1913），浙江湖州人，光绪九年的进士，历任刑部主事、天津知府、山西按察使。

供职刑部期间，沈家本遍览历代法制典章、刑狱档案，对中国古代的法律进行了系统的整理和研究。

在天津知府任内，沈家本"治尚宽大"，办理案件注重实地查勘。其中，郑国锦谋杀刘明一案颇具代表性。天津府受理此案时，刘明已死去两年，尸体腐烂，难以取证。沈家本特意从京师调来经验丰富的仵作侯永一起查验，发现死者牙根呈红色，颅骨骨膜突出，证明刘明是受伤致死而非病死。

最终，沈家本查明是医生郑国锦与刘明的妻子王氏因奸合谋，趁刘明患病之机以针治为名将其害死。案子水落石出，沈家本名动一时。

1906 年春，由沈家本和伍廷芳主持的修订法律馆完成了一个初步的刑律草案，废除了许多残酷的刑罚，但仍离上谕所期的"会通中西，中外通行"的立法要求相去甚远。于是，在财政拮据的条件下，清政府高薪聘请了日本法学家冈田朝太郎担任刑律起草的顾问。

冈田朝太郎 1891 年毕业于东京帝国大学法学科，赴欧洲留学，回国后不到 30 岁即被聘为东大的法科教授。

在冈田的帮助下，修订法律馆在 1907 年 8 月出台了一部全新的《大清刑律草案》，它大体仿效了日本刑法的修正案，并结合中国国情略有增删。

为避免"采用世界最新学理"的刑律草案刺激守旧人士，沈家本绝口不提草案抛弃了传统礼教的事实，而说《大清刑律草案》在不违背礼教民情的前提下只进行了五个方面的技术改进：更定刑名、酌减死刑、死刑唯一、删除比附和惩治教育。

谁知还是激起了守旧派人士的不满。

按照立法程序，草案要提交宪政编查馆，通过后再交付各中央部院和地方督抚，以广泛征求意见。宪政编查馆的负责人是军机大臣、庆亲王奕劻。奕劻虽贪得无厌，思想却倾向改良，对修律大力支持。因此，草案顺利地通过了宪政编查馆的审核。

真正的阻力存在于征求意见的过程中。以军机大臣兼学部尚书张之洞为代表的保守官僚极力反对沈家本的制度创新，主张"礼法合一"，掀起了一场声势浩大的礼法之争。

礼教派的反对理由主要有4点：第一，刑法根植于礼教，礼教来源于风俗，草案照搬西方模式，罔顾中国国情；第二，草案背弃礼教，对"无夫奸"（同寡妇通奸）这样明显违背纲常名教的"犯罪行为"视而不见；第三，采用过多的日语新术语，语义难懂；第四，刑罚太轻，难以震慑罪犯。

对种种非议，沈家本以不变应万变，通通用"修律以收回领事裁判权"为由应对。

这源于一段屈辱的往事。

1902年9月5日，中英在上海签订《马凯条约》。此约是《辛丑条约》中有关通商事宜的一个补充条款。在谈判代表盛宣怀和刘坤一的力争下，英方在《马凯条约》第 12 条里承诺："中国深欲整顿本国律例，以期与各西国律例改同一律，英国允愿尽力协助以成此举。一俟查悉中国律例情形及其审断办法及一切相关事宜皆臻妥善，英国即允弃其治外法权。"

治外法权指一国国民在外国境内不受所在国管辖，如同处于所在国领土之外。根据国际法和外交惯例，此种特权通常是互相给予的，且只有国家元首、政府首脑和外交代表等特殊身份的人才能享有。而由于清政府的愚昧落后，自鸦片战争以来，西方列强的在华领事都被授予了处理所有与本国公民有关的民事和刑事案件的权力（领事裁判权）。长此以往，在华洋人（包括传教士）越发骄纵，同本地人的矛盾日益深重，清政府却无可奈何。在自家的土地上保护不了自己的子民，稍有良知的政府官员，无不深以为耻。

不管英国人的许诺是否可信，中国的法律改革还是在"修律以收回领事裁判权"这令人憧憬的幻想中加速前进，也成为沈家本抵抗礼教派进攻的盾牌。

然而，礼教派的反扑异常迅猛。

为堵嚣嚣众口，沈家本不得不在草案的总体框架内进行了有限的修订，在 1910 年 2 月完成了《修正刑律草案》，增加了《暂行章程》，以示对传统的"尊重"。妥协的内容包括：

一、对危害皇室罪、内乱以及杀伤尊长等 6 个死刑的执行方式不适用绞刑，仍用斩刑；

二、对盗掘尊长亲属的坟墓和抢劫等7项犯罪的量刑加重至死刑；

三、与无夫妇女通奸，定为犯罪；

四、正当防卫不适用于子女对尊长。

同时，一些日语名词被替换为通俗易懂的表达方式。比如"犹豫执行"改为"缓行"，"假出狱"改为"假释"。

至1910年底，经多次修订，《大清刑律草案》终于得以交付资政院讨论议决。奕劻为保证刑律草案顺利通过，任命沈家本为资政院副总裁，主持讨论议决《大清刑律草案》。宪政编查馆委派杨度对《大清刑律草案》进行立法说明，任命汪荣宝主持资政院法典股的审议工作。在审议《大清刑律草案》之前，奕劻已在资政院做足了准备，无论礼教派如何反对，都要保证《大清刑律草案》顺利通过。

杨度、汪荣宝当时都任职于宪政编查馆，也都曾留学日本，在清末的法律改革过程中主张参照日本模式实现法律的现代化。

资政院讨论《大清刑律草案》的过程中，杨度代表宪政编查馆对草案进行立法说明。沈家本为使《大清刑律草案》得到礼教派的理解，一直采取"会通中西"的立场和"技术解释"的方法。但态度激进的杨度大肆宣扬《大清刑律草案》以"国家主义"为宗旨，摒弃传统的"家族主义"。这无异于向礼教派发起正面挑战。

礼教派立即反应，京师大学堂总监督刘廷琛提出对沈家本和杨度的弹劾；资政院105名议员联名提出修订议案，要求增修有关礼教伦理的条款 13 条，但主持法律草案审议事务的汪荣宝对此全然不予采纳。

最终，资政院仅议决通过了《刑律总则》，但因会议期满，未能对《分则》部分进行讨论，需等第二年开会再议。奕劻为避免第二年讨论再起纠纷，上奏载沣将已通过的《大清刑律总则》与未讨论通过的《大清刑律分则》先行颁布。载沣考虑到国内局势不稳，《大清刑律》是第一部立法，急需以近代化法典来体现政府改革的诚意。同时，按照立法计划，《大清刑律》必须在 1910 年底完成立法程序。于是便同意了奕劻的奏请，在分则部分没有经过讨论、礼教派意犹未尽的情况下，于 1911 年 1 月 25 日颁布了《大清刑律》。

为了止息礼教派的不满，沈家本在《大清刑律》通过后辞去了资政院副总裁和修订法律大臣的职务，法理派虽败犹胜。

《大清刑律》基本采纳了西方法学的原理，对传统中国而言，是一个创新的制度体系。它明确体现了"罪刑法定""人格平等"和"罪刑相适应"三大原则，秉承轻刑化的立法精神，即从定罪、量刑到刑罚执行都尽量从轻。

另外，从《大清律例》到《大清刑律》，法典体例的变化为民事和经济立法提供了广阔的空间。由于采用了近代西方法律的体系模式，诸法分离，各项部门法相继出台。而作为规定犯罪与刑罚的刑律，也从诸法中独立出来，将原来用刑罚手段调整的人身、财产关系让位于民事立法和经济立法。数千年民刑不分的法典编纂体例开始走向民刑分离。《公司律》《破产律》《商人同例》纷纷出台，《大清民律草案》也随之颁布。

再者，《大清刑律》强调刑罚不溯及既往，罪刑应当相适，并彻底抛弃了传统的肉刑，废除了旧律中的凌迟、枭首、戮尸、刺字和缘坐等酷刑，停止了部分刑讯。同时，还删除了近代以来已经解禁或与新政不符的规定，如禁止出海、开矿、集会与发行报纸等。

对于死刑，《大清刑律》总则的表述十分明确：死刑用绞刑。死刑非经法部复奏回报，不得执行。徒刑不得加至死刑。而分则之中只有29款条文规定了死刑，加上《暂行章程》里的3款，仅32款条文规定了死刑，较《大清律例》的700多个减少了95%左右。并且，在总则中以专章规定了"不为罪""缓刑"和"假释"；在刑罚中广泛适用罚金，将徒刑最低期限降为两个月，拘役最低期限降为一日。

《大清刑律》总体上仿照日本刑法，在具体制度方面却比照参考了西方各主要国家的刑法。例如总则中对死刑的规定，是在比较了德、法、英等14国的死刑制度后得出的结论：世界各国死刑的执行方式有斩、绞、枪毙三种。用枪毙的国家主要是沿袭殖民地时期宗主国的传统，此法并不可取；斩与绞相比较，绞刑较为人道，并为多数国家所采用，故我国刑律应用绞刑。

在立法宗旨上，区分道德规范与法律规范，淡化伦理身份在量刑中的差异。传统的《大清律例》规定：普通人互骂，处以笞刑；骂祖父母、父母，处绞刑。因为尊卑身份，两者相差18级刑罚。《大清刑律》则规定：公然侮辱他人，处五等以下有期徒刑、拘役或100元以下罚金；公然侮辱尊亲属者，处四等以下有期徒刑或拘役——相应仅加重一级刑罚。

不仅如此，《大清刑律》根据社会经济形势的变迁，还增加了新的罪名。如毁坏电杆和毁坏铁路。"妨碍交通罪"的立法理由是"往来及通信乃社会发达之要端，其便与不便足以卜国民发达之程度，对于此项事宜，如有加阻害，固法律之所当罚也"。此类犯罪主要涉及破坏交通工具和电信设施。再如，"妨害秩序罪"规定了以强暴、胁迫或欺诈等手段妨害正当集会是一种犯罪行为。"伪造货币罪"设立了仿造、损坏流通于中国的外国货币的犯罪。除此之外，还有"妨害选举""私铸银圆""侵占"以及"妨害安全信用名誉"等与时俱进的罪名。

然而，实事求是地讲，《大清刑律》还是有许多先天的不足。首先，它是国家借助法学家完成的法典躯体，绝大部分属于"更新"，比例在90％以上，造成了新旧文化的断裂。

其次，《大清刑律》仍带有很强的时代烙印，并没有完全去除封建刑律的色彩。第一，它保留了维持专制皇权的规定，保留了"十恶"的罪名，要处以极刑，而且，对"盗制书""盗大祀神御物"和"擅入官殿门"等也要严惩；第二，仍然保留了封建等级特权，如"八议"制度，请、减、赎等；第三，保留了一些维护封建纲常礼教的规定。

文化价值体系的转化与重建是一个漫长的过程，故新刑律中充满了中西的纠结和新旧的对抗。同时，在经济欠发达、犯罪率较高、监狱设施不健全和初等教育尚未普及的条件下，轻刑体系既不能保障人权，也无法维护社会治安。刑罚幅度过宽和采用不定期刑要求有一支高素质的法官队伍，并建立相应的判例制度与法律监督制度。

《大清刑律》出台没多久，清朝覆灭，民国肇始。北洋政府时期，天下大乱。乱世用重典，重刑主义重新抬头，人道主义逐渐消退……

法律对社会的有效控制和民众对法律的理性认知远不是一两场讨论与一两部法典就能一蹴而就的，它与社会结构的变化和大众文化的演进密不可分。在中国社会完成从传统向现代化的转型之前，法治建设任重而道远。

量才器使古来难

为国取材，争议古已有之。汉代的察举制最终沦为"举秀才，不识字；举孝廉，父别居"的闹剧，两晋南北朝的九品中正制则造就了"上品无寒门，下品无世族"的不公。科举制能延续1300年之久，说明在古代这至少是一条公认的最科学、最不差的途径。

然而，当任何一种标准成为"华山一条道"时，立即便有僵化的危险。

清代科举，乡试和会试因为试卷要誊抄一遍，故考官改卷时一般不注重书法。但到了殿试时，却对字写得好不好极为看重——这种风气自道光以后渐渐成型。

上有所好，下必甚焉，书法界兴起了馆阁体，即殿试用的标准字体。1903年，科举制已成强弩之末，经袁世凯等大臣的奏请，清廷同意废除八股文，改试策论，但专尚书法之风依旧。当年的状元王寿彭，馆阁体端正大方，即是其拔魁的重要原因。早年，王寿彭参加乡试时，考官余际春原本对他的卷子没有任何好感，但有人向余建言，说王寿彭虽文章平平，其馆阁体却是朝廷所欣赏的。如果取中举人，阁下可就预收了一个翰林门生。余际春思来想去，把王寿彭的卷子推荐给了主考官。果不其然，王寿彭后来连试连捷，高中状元。

除了练字，取名也很重要。

道光年间，安徽省天长县的戴长芬金榜夺魁。细究之下，全属偶然。当时，拟定的一甲第一名本是江苏高邮的史求。御批时，道光一看"史求"二字，联想到了"死囚"，觉得不吉利，遂勾去不取。待看到二甲第九名时，正是天长的戴长芬，心头喜悦，立刻点为状元。原来，天长第九（天长地久），戴戴（代代）兰芬，任谁看了都会眼前一亮。

光绪二十九年（1903年）的乡试和会试同时举行，因次年是慈禧的七十大寿，主考官特别留意吉庆之兆。经筛选，朝廷派出两路人马去云贵和两广主持乡试，主考官分别是李哲明、刘彭年、张星吉、吴庆坻、达寿、景永昶、钱能训和骆成骧，将八人的名字连起来读就是"明年吉庆，寿景能成"。

外放考官尚且如此讲究，录取进士当然马虎不得。当年殿试，拟取一个姓名里有"寿"字的状元，写得一手好字的王寿彭可谓不二人选。后来，王寿彭作了一首打油诗解嘲道："有人说我是偶然，我说偶然亦甚难。世上纵有偶然事，岂能偶然再偶然。"

有因名得福的，自然就有因名得祸的。光绪年间有个贡士叫王国钧，本来名字取得不错：国钧者，国家之重任也。殿试时，他本来名列前茅，可慈禧默念后不满道："'亡国君'，太不吉利了。"于是将其名次移到了三甲以外。

还有一个叫范鸣璙（音同"穷"）的，咸丰二年殿试排前十。咸丰因其姓名的读音近于"万民穷"，只授了他一个内阁中书的末职。

1904 年的殿试是科举的绝唱，八位阅卷大臣拟定的排名为：一甲第一名朱汝珍，第二名刘春霖，第三名商衍鎏……名单刚交到慈禧手中，她的眉头便紧锁起来——第一名朱汝珍，姓朱且不说了（朱明），籍贯广东更是让人联想起康有为和孙中山来。加之珍妃是慈禧害死的，对"珍"字她异常敏感。再看第二名刘春霖，首先籍贯就好——直隶肃宁。天下大乱，正当"肃宁"。名字也吉利，时逢大旱，谁不盼着老天降下"春霖"？况且，刘春霖的书法不错，曾受人之托替慈禧抄写《金刚经》。于是，他被钦点为状元，朱汝珍则屈居第二。

有人的地方就免不了以貌取人，科举也不例外。

清制，举人参加会试三科不中者，可报名朝廷特设的"大挑"。这是一套选官程序，对考不上进士的"困难户"落实一下政策，提供一个做官的机会。"大挑"对长相有着严苛的标准，挑选时，二十人站成一排，从中挑一等三人，二等九人，剩下的八个落选者俗称

"八仙"。

军机大臣阎敬铭是道光二十五年的进士，春闱告捷前，他曾参加大挑，当了回"八仙"。

阎敬铭的身高不到一米六五，两个脸颊像枣核，眼睛一高一低，放在现在，活脱脱一农村老头儿。据说当时他刚跪下，某亲王便厉声喝道："阎敬铭站起来！"

直接不用挑了。

阎敬铭别无他法，只好继续奋战于科场。

有人以体貌猥琐见弃于挑场，有人却因奇丑无比而入选。

有个叫金孝廉的举子，五官布局极不合理，观者皆发笑而不敢正视。一进挑场，某王竟率先取他为第一等，其他王公大臣一时间相顾错愕。该王爷道："不要惊讶，此人胆量可嘉！"

众人不解其意，该王爷进一步解释道："面目如此不堪，没有三国姜维的胆量，何敢进挑场？可见是块做官的料！"

其实，连曾国藩也曾差点吃了颜值的亏，"看脸"几乎可以说是放之四海而皆准了。

道光二十年（1840年），已考中进士两年的曾国藩终于等来吏部的通知。次日，他跟在吏部堂官的身后，小心翼翼地走进了圆明园勤政殿。

这是皇帝的亲自面试，不仅看口才，还要看长相。曾国藩虽然不丑，却偏偏长了一双三角眼。道光素来反感三角眼，认为这种人非贪即狠，难以驾驭。不过，对策之后，曾国藩还是凭借出众的才识打动了天子。道光给他的批语是："面相不雅，答对却明白，能大用。"

圣谕当场下达，曾国藩被实授从七品的官职，成为无数翰林院庶吉士梦寐以求的翰林院检讨。

对选和被选的人而言，量才器使是一个共同的愿景，但却不易实现。然而，只要不停止追问、尝试和改变的脚步，总能找到因地制宜的方案。世事如棋局局新，从来就没有一劳永逸的制度。只有坚持改革，才能应对时代的变迁。

第三章

人：

无常乃世间最大的恒常

一个女权主义者的爱情

王小波说："假如从宏观角度来看，眼前这世界真是一个授精的场所。"

好友向我倾诉他前女友出轨之事的那天夜里，我望着窗外灯火阑珊的国贸建筑群，想起这句话出自《三十而立》。

不同的城市，有着不同的气息。

当嘉陵江上的缆车穿过浓雾，依山而建的高楼扑面而来时，"魔幻现实"属于重庆；当夜雨给万紫千红、鳞次栉比的大厦加上了一层柔光滤镜，行走在充斥着店招和按摩房的城中村的你猛然抬头发现一个戴着电子假眼的银发少年冷冰冰地问"要不要迷幻剂"时，"赛博朋克"属于广州。

而北京的气息，萦绕在798艺术区。

从酒仙桥路向东拐，尤伦斯当代艺术中心正在举办名为"张元：有种"的摄影展，演员李昕芸一张迷茫而不屈的面部特写令人想起二十年前的电影《北京杂种》和春树那本颓废空虚的小说《北京娃娃》。

穿过包豪斯风格的厂房和不知通往何处的铁轨，路的尽头是"蒸汽朋克"展的海报。右转有一堆黑色的机器，那张牙舞爪的样子让人疑心《革命时期的爱情》里的王二就是在这头庞然巨兽上窜来窜去。

探索终止于两根挺拔的烟囱，其高耸的姿态令每个来访者都油然而生一种巨大的压迫感。

好友说，前任坦白时，他并无压迫感。

很多年前，我和他钻研国产武侠游戏的巅峰之作《幽城幻剑录》，不眠不休。为表述方便，我打算以游戏里的角色为名，称他为"霍雍"，称他的前任为"冰璃"。

霍雍去了趟中东，原本黏人的冰璃却不闻不问，霍雍的心里其实早有预感。出轨对象是个已婚的诗人、大学教授。霍雍说到这里，我忽然想起冰璃成长于单亲家庭。

村上春树的小说《再劫面包店》里，主人公和好友去抢面包店，不料老板毫无反抗的意思，还邀请两个年轻人陪他听瓦格纳的音乐。于是，"抢劫"变成了"交换"——主人公用自己的时间换走了面包。

按理说这是一个圆满的结果，但主人公的记忆里却留下了挥之不去的诅咒。多年后的一天深夜，被饿醒的他将冰箱里的食物扫荡一空，却仍饥肠辘辘，于是怂恿新婚的妻子和他一道真真正正地再抢了一回"面包店"——一家麦当劳。

得不到的，才是最好的。没有实现的愿望像魔咒一样笼罩在心头，使人如痴猿捉月、渴鹿逐焰。不知疲倦，至死方休。

此即"完形心理"。

霍雍和冰璃同龄，给不了她父爱。事实上，因为她的倒追，一开始她连爱情都感觉不到，还总被他怼到九霄云外。霍雍的心思都在一部书稿上，无暇顾及她是否心塞。

混久了帝都，见惯了《GQ》笔下有姑娘陪酒的老男人饭局，人就容易陷入爱无力的状态中去。

马伯庸的《长安十二时辰》里，张小敬对姚汝能道："在长安城，如果你不变成和它一样的怪物，就会被它吞噬。"

心理学家认为，一个人对爱情的信心，就是他对整个世界的信心。因此，当电影《牯岭街少年杀人事件》里的"绿茶婊"小明语带嘲讽地对追求她的小四说"你好可笑啊，你以为你是谁啊？我和这个世界一样，是不可改变的"时，压抑已久的小四将一把刀扎进了她的身体，宛如刺向那个残酷而混乱的世界。

爱是矢志不渝？坚贞不屈？无私奉献？

这些似乎只写在书本里，现实中的情景是男女持矛捉盾，躲在盔甲后相互试探，彼此伤害，演绎纵横捭阖的心战，宛若电影《苦月亮》里的作家与舞蹈演员。

战争的本质是利益。爱情里的利益不单单是名利，还包含情绪价值，背后是深不可测的人性。当你厌倦了这场权力的游戏，就很难再动心，除非遇见人格独立的真女权。

霍雍说，去年他在曼哈顿结识了一个女作家。她住在上东常见的带防火梯的褐石楼房里，家里铺着波西米亚风格的地毯，窗外的街道能看见《安妮·霍尔》的痕迹。

她是自由的，也是孤独的，但丰富的精神世界让她的脸上绽放着自信之美。霍雍在中央公园替她拍照时心有萌动，两人在东河边散步时她试探霍雍的心迹。

然而他却不敢再向前一步——他好像爱无能了。

直到冰璃像烈焰一样闯入他的生活。

冰璃自己创业，活力四射，看上去是个女权。与自己较劲，同世界死磕的霍雍虽然慢了半拍，还是无可救药地爱上了她。

一天，他们在朝阳门的博纳影院看《天才捕手》，从悠唐国际出来时天色已晚，她脚上像装了弹簧一样搂着他跳个不停。霍雍后来想起这一幕，耳边似乎回响着菲茨杰拉德的声音："那天下午一定有过一些时刻，黛西远不如他的梦想——并不是由于她本人的过错，而是由于他的幻梦有巨大的活力。他的幻梦超越了她，超越了一切。他以一种创造性的热情投入了这个幻梦，不断地添枝加叶，用飘来的每一根绚丽的羽毛加以缀饰。"

听到诗人的名字时，霍雍只觉得有些耳熟，却丝毫没有惊怒之情，甚至开玩笑道："约出来呗，我请他吃饭。"

可能她太让人放心了。认识之初，有一回霍雍跟朋友聊得兴起，一顿饭吃了五个小时，赶到咖啡厅时早已迟到。她不安地握着手机，脸色苍白道："我还以为你不来了。"

由于她坚称与诗人只是逢场作戏，自忖见惯风浪的霍雍相信了她的赌咒发誓，只是遗憾地觉得佳人已非良配。

痛苦在两天后袭来。当晚，冰璃又去找诗人了。

霍雍躺在床上，脑海里盘旋着她在直播平台用古筝弹奏《凉凉》时的旋律。一想到那慢转明眸、轻舒玉腕的画面，只觉秋风吹渭水，落叶满长安，心里凉透了。

失眠的他爬起来想找本书看，却从书柜里翻出张 CD。那是一个被他拒绝过的女孩出版的专辑，霍雍对她的声音不感兴趣。

正要放回原处，瞥见封面目录里有一首《俩俩相忘》，不禁停手。

那是小昭唱给张无忌的歌。当初她录完专辑，说都是原创，想翻唱一首老歌，霍雍随口推荐了辛晓琪的《俩俩相忘》，没想到她真的用上了。

打开尘封已久的音箱，熟悉的声音传了出来。听到"眉间放一字宽，看一段人世风光，谁不是把悲喜在尝"时，他悲从中来，不可断绝……

或许是狮子座的救世情结发作，霍雍想挽回前任。当然，在跟朋友喝酒时他并不敢这么说，因为每个人的态度都是"赶紧分啊，难道留着过年吗"。

那是由于他们不了解冰璃。

她本质不坏，了无心机，只是被诗人的光环和套路迷惑了心智，沦陷在情欲的旋涡里。诗人当过 ×× 文学奖的评委，在纯文学圈很吃得开，经常帮她的活动站台。而霍雍从不参加她的活动，还劝她趁早别搞了，因为看不到商业模式。

但即使挽回也没有什么未来了，只不过诗人以前玩弄女大学生，差点闹出绯闻，人品堪忧。霍雍不忍见喜欢的女孩赴汤蹈火，成为世人口中的小三，最后朱颜辞镜，两手空空。光是想一想，就令人痛心疾首。

于是一天下午，霍雍在华贸公寓见到了诗人。

他文弱多礼，轻声细语，颜值保养得很好。要是戴顶帽子，活脱脱便是个顾城。诗人一开口霍雍便明白遭遇了一把不安分的剪子，来到世上的使命就是收割基因。

他听说霍雍是成都人，便以《星星》诗刊开启话题。霍雍不知道有什么可谈的——跟这样一个到豆瓣网把他写过的书的差评扒出来在冰璃面前极力抹黑的人。

霍雍望着他的脸，差点拍案而起："听说你跟北岛很熟，我觉得这是北岛被黑得最惨的一次。"

最后还是忍住了。这世道信奉"小孩才讲对错，大人只分利弊"，故世间大多数的恶只能任由其发酵或由更大的恶来掩埋。事实上，如果站在宇宙的维度向下看，善恶不过是人的好恶而已，根本不重要。诗人忙着求欢交配，反倒符合基因自我复制与种群繁衍昌盛的自然法则，婚姻只是人类可笑的发明罢了。

有人认为，恋爱的不败之法是奉行开放式关系，摒弃了良心也就屏蔽了得失心。爱所有人等于谁也不爱，像诗人一样把灵魂交给路西法便不会再受到任何伤害。

但不论公序良俗崩溃到何种境地，我仍然相信婚姻较之于由荷尔蒙驱动的爱情有其更为神圣的意义。就像流星的光芒再璀璨，蝴蝶的舞姿再动人，都不过是短促而脆弱的刹那芳华。

只有剑，接近永恒。

恋人所不如夫妻者，在于后者乃是血肉相连的战友，携手直面无常命运的伴侣；是姻缘前定的今世缔结，生而同衾死而同穴的知己。

可诗人不作此想，不愿放手，还一副用情很深的样子，定要短择一把冰璃。

霍雍后来回忆说，理性地看，他从这件事中得到的远远大于失去。诗人对异性展现出的魅力让他反省了过于自我的言行，间接唤醒了他体内因疲于工作而久违的共情能力。

然而冰璃却撕裂了。一方面她想哄好霍雍，另一方面仍同诗人来往，自信可以徐徐全身而退。霍雍见骂不醒劝不动，悲愤交加地删了她的微信。

冰璃算准了霍雍情丝未断，又把他加了回来。眼看剧情就要往毛姆的《人性的枷锁》滑落，一个外地的讲座活动拯救了他。

霍雍让主办方把返程票买到成都。她再打电话时，他已经在成都的家里了。

只要灵与肉分开，再牢固的感情也会冰消，就像东野圭吾的《秘密》里那对能爱不能做的夫妻。霍雍提出"缘尽于此"后不发一言，却忍不住默默地关注冰璃的动态。

强极则辱，情深不寿。她果然被诗人伤害了，看得人心如刀绞。

但霍雍已不想再做溺水者的稻草，不想被拽进暗无天日的永夜。在发现她给自己的朋友圈点赞后，最后一次删除了她……

大海恢宏而宁静，人世间的翻涌不过是一朵朵苦涩的浪花，再怎么勇猛悲戚，也终将销声匿迹。许多经历时觉得悲恸和不甘的事，蓦然回首也无非化作一抹冷漠淡然的笑。

这是最大的宽慰，也是最痛心的事实。

多少繁华都成过眼云烟，多少爱恨埋没于断井残垣。荣枯轮转，原是天道，再强势的人也免不了零落成泥，归彼大荒。可即便到了阳寿尽时，又有几人能俯仰无愧，坦然撒手？

众生皆苦，因为众生皆执。

《搏击俱乐部》说："You are not your job."可事实却是，你就是你的 job（工作）。消费社会只关心你能提供什么，每一个毛孔都希望你能对它有用，并被它生产的那些五光十色的东西迷住。赚钱为了消费，消费刺激赚钱，就像游戏里打怪为了买装备，买装备为了打怪。小白鼠们汲汲于跨越阶层，心无旁骛地跑到生命的终点，为消费主义的大厦添砖加瓦，却错过了许多路上的风景。

所有漂泊的人生都梦想着平静、童年和杜鹃花，正如所有平静的人生都幻想着伏特加、乐队和醉生梦死。不甘心老死于此岸的人们频频张望彼岸，殊不知彼岸花下暗藏汹涌。

2017 年，台湾作家林奕含因不堪抑郁症的折磨在家中自缢身亡。心理创伤是打小留下的：十三岁时，她曾遭老师诱奸，长达数年。

自杀前一年，痛苦难耐的她以亲身经历写下小说《房思琪的初恋乐园》，讲述了一段少女和性侵犯之间的虐恋。

与其说林奕含是在谴责以李国华为代表的兽师，不如说是在质疑文学的功用，倾吐自己梦碎后的无望与迷惘。

房思琪在书中说："多亏李老师才爱上语文，不自觉这句话的本质是，多亏语文考试，李老师才有人爱。"

在分不清梦与现实，对舌灿莲花的男性毫无抵抗的少女时代，李国华用他的虚伪、粗暴和猥琐彻底摧毁了房思琪。一次做爱后，她问李国华，做的时候你最喜欢我什么？李国华以曹雪芹形容林黛玉初次登场时的"娇喘微微"作答。

房思琪追问："《红楼梦》对老师来说就是这样吗？"他毫不迟疑道："《红楼梦》《楚辞》《史记》《庄子》，一切对我来说都是这四个字。"

李国华的分裂和丑陋，使对文学怀有坚定信仰的房思琪如坠黑洞，求出无期。

诗三百，思无邪？千百年来，文人墨客用繁复的语言构建了一套无坚不摧、自圆其说的价值体系。有历史以来便有历史学家，有历史学家便有研究历史学家的历史学家，如此循环往复，堆砌了一座富丽堂皇、不断膨胀的城堡。林奕含相信李国华在某些时候也是动情的，但他爱的并不是房思琪们，而是那个站在城头演讲、"权倾天下"的自己。

林奕含憎恨看清了李国华的真面目却依旧堕入爱河的房思琪，以及她身上那虚无缥缈的迷梦。但可悲的是，她赖以控诉丑恶的武器还是文学，只有文学。她像城堡里的人一样，痴迷于叙事技法和雕琢文字。于是吊诡的一幕出现了：书中的痛苦有多真实，表述痛苦的审美快感就有多强烈。

这才是最大的悲剧。一方面林奕含意识到艺术只是一种巧言令色的诡辩，而另一方面艺术又成为她一生都摆脱不了的纸枷锁。在后记里，她悲怆道："我恨透了自己只会写字。"

那些叩开城堡大门的文艺青年，匍匐于美轮美奂的宫殿前，激动地亲吻脚下的土地，讵料在大脑缴械投降后被它夺去了三魂六魄。

人渴望成为自己，渴望自己的意志得以施展并获得胜利。这是最深的执念，也是"完形心理"的滥觞。

从这个角度看，与菲茨杰拉德相爱相杀了一生的泽尔达就是前者一个未完成的梦。梦的名字叫杰内瓦，是他的初恋，富家小姐。因为不名一文，菲茨杰拉德的婚事遭到女方父亲的蛮横否决。从此，誓要出人头地的少年被镶着金边的泡沫裹挟，在喧嚣浮华的世界里逆水行舟，耳边回旋着魅惑的呢喃，反复向他吟咒。

终于有一天，他宿命般地遇到了自己灵感的缪斯，催命的符咒——泽尔达。她纯洁天真，淫乱残忍，嘴唇上涂抹着新鲜的欲望，集万千宠爱于一身。她像宝石一样明艳无伦，如戏子一般寡廉鲜耻。她让他在狂喜和绝望之间挣扎，写出流光溢彩的《了不起的盖茨比》；她牵着他的手看尽尘世烟花，再用填不满的欲壑把他踹入万丈深渊。

于是，幽王裂帛，千金买笑。醉眼如饴，波光流淌。明知幻梦难继，盛宴将罢，软弱的菲茨杰拉德却无能为力，只能坐视它楼起楼塌——无论他笔下的黛西如何慵懒造作，声音里充满了金钱的味道，隐藏在那刻薄的讽刺背后的，都是作者爱恨交织的迷恋。

盖茨比烧掉一座金山，乃至献祭了生命，也没能抓住黛西这道幻光。在讲述盖茨比悲剧的同时，菲茨杰拉德完美地预言了自己的未来。他已然看透，可还是选择以身殉梦，只留下一曲华丽凄美的挽歌，祭奠那金陵玉殿莺啼晓，秦淮水榭花开早的爵士乐时代。

绮罗弦管，从此永休。

明知是空，依然痴心不改，只因人一生都在苦苦追问"我是谁"。

我看见得不到答案的陈清扬同插队云南的王二疯狂地做爱；我看见信错了答案的神风敢死队队员在得到女学生的献身后，怀揣染有处女血的手帕登上零式战机，毅然朝美军航母撞去，自以为再现了樱花凋零的死亡之美。

我看见追索答案的贾宏声在《苏州河》里落寞的背影。

年少成名的他替张楚拍过一段 MV——《孤独的人是可耻的》。然而现实中，厌倦了肤浅表演和无聊掌声的他为了追求纯粹的艺术离群索居，越发孤独。

他染上了毒瘾，以为自己是约翰·列侬的儿子，终日戴着耳机在窗台上枯坐，看北四环的车水马龙。

亲情的感召也曾使贾宏声尝试戒毒，回归生活，但终究未能战胜心魔。四十三岁时，他从家中阳台坠亡，告别了沉重的肉身。

最后，我看见霍雍埋首于青灯黄卷，咀嚼着无边的寂寥，只为编织不朽的篇章。看见冰璃因梦想得不到爱人的认可，而在诗人的蛊惑中找到了廉价的存在感——看见两个孤独的灵魂生死以之地逆天改命，向彼此和世人证明着什么。

天地无涯，人身渺渺。那些以梦为马，驰骋流年的人啊，当繁华落尽，世易时移，在某个清冷的早晨，你是否看清朝阳下自己的面孔？

多少拈花惹草的油腻大叔，也曾是青衫磊落的逐梦少年；多少在长夜里哭泣，得不到救赎的小三，也曾是无所畏惧的女权。

人，会奋斗成他曾经讨厌和反对的那个人，盖因太想向这个世界证明自己。这怨念纠缠如毒蛇，执着如厉鬼，以至于弥留之际还满怀悔恨不愿闭眼。人常叹"天意从来高难问"，殊不知天命不在云端，而是镌刻在每个人基因里的矛盾、虚伪、贪婪、欺骗；幻想、疑惑、简单、善变。

认识到这一点，人才有可能反求诸己，同这个世界和解。

生命至为灿烂，又永不重来。那些真正找到自己的人，会发自内心地敬之畏之，并轻轻地告诉世人：

众生虽苦，还望诸恶莫作。

盛世里的失语者

　　清宫剧里常见张廷玉公忠体国的身影。在汉人备受歧视的清代，作为皇帝的秘书，既没有孔尚任、高士奇的文治，也没有年羹尧、阿桂的武功，张廷玉能在朝堂居官五十载而不倒，无怪乎李鸿章由衷赞道：

　　　　汉之萧张（萧何、张良），唐之房杜（房玄龄、杜如晦），得君抑云专矣（也可说是得君专宠了），视公犹其末焉。

　　康熙四十三年，张廷玉入值南书房，此后一直到乾隆初年，其遵旨缮写的上谕皆能详达圣意，尤其在康熙驾崩、雍正守丧的敏感时期，稍有差池便会引火烧身，但才思敏捷的张廷玉往往操笔立就，文不加点，深孚众望。

张廷玉过目不忘，举凡官吏的姓名、籍贯，各部的开支、收入，从来如数家珍。并且，他身兼数职，任劳任怨，以至于坐轿子时都没空休息，一刻不停地处理文件，把雍正感动得击节赞叹：

> 尔一日所办，在他人十日所不能也。

张廷玉堪称"循吏"的模板，克己到了苛刻的程度——所有馈赠，凡价值超过一百两银子，均严词拒绝；皇帝的赏银，或购置公田资助乡亲，或激励学子发奋求学。

张廷玉从不赌牌，也不看戏，每天下班回家，除了检查子侄的课业，就是独处一室，与青灯黄卷做伴。他极少接见京外官员，也从不跟地方督抚私信往来。经他举荐擢升之人，往往到死都不知道是谁暗中帮了自己。

在对待家人方面，张廷玉更是严酷无情。雍正十一年，他的长子张若霭廷试中了探花，他获悉后以"天下人才众多，三年大比莫不望鼎甲，官宦之子不应占天下寒士之先"为由，上疏建议将张若霭降到二甲之列。

雍正允其所请，置张若霭为二甲第一名。

一次，张廷玉请假回乡省亲，来回要走几个月，把雍正想得茶饭不思，下了道圣旨给他：

朕即位十一年来，在廷近侍大臣一日不曾相离者，唯卿一人。义固君臣，情同契友。今相隔月余，未免每每思念……

　　然而，彼之蜜糖，我之砒霜。乾隆即位后，张廷玉和鄂尔泰这两位前朝重臣不得不重新界定自己与新君的关系。鄂尔泰性格张扬，幸亏走得早，朝廷好歹给谥了个"文端"。而就在鄂尔泰死去的第二年，乾隆降旨给张廷玉，说老先生你身体不好，朕很心疼，就不必这么早来上朝了，可以多睡会儿。

　　如此明显的政治信号，张廷玉当然一点就透。加之张若霭刚刚去世，老头饱受打击，心灰意懒，萌生了去意。问题是为朝廷服务了近五十年的他，如何平安落地？

　　站在乾隆的角度，你张廷玉门生故吏遍布朝野，现在想功成身退，一走了之，赢得生前身后名，留下一个还不知道能不能玩得转的摊子给自己，门儿都没有！除非你名誉扫地，让所有攀缘阿附你的人清楚"张廷玉这棵大树倒了"，否则朕心着实难安。

　　于是，乾隆跟张廷玉玩起了文字游戏。

　　张廷玉说自己岁数大了，腿脚不灵便，记忆力也衰退得厉害，请求致仕。乾隆说你是先帝下旨"配享太庙"的人，死后有无上荣光，生前岂能偷懒？张廷玉说死后"配享太庙"而生前告老还乡历史上并非没有先例，刘伯温就是如此。乾隆说刘伯温明明是被朱元璋罢黜的，你要学他吗？你怎么不学好的，比如诸葛亮的鞠躬尽瘁死而后已？张廷玉说诸葛亮生逢乱世，天天打仗。我命好，躬逢盛世与圣主，所以可以歇着了。

乾隆还是不同意，拖了一年，见张廷玉实在是油尽灯枯，老眼昏花，监制的《御制诗集》里居然有错别字，终于准他次年开春舟行回乡。

万万没想到，张廷玉担心人走茶凉，像张居正那样墙倒众人推，回头"配享太庙"的荣誉保不住，居然为此专门面圣，"请一辞以为券"，即讨个口头保证。

乾隆满足了他的要求，但极度窝火，赐了首阴阳怪气的诗给张廷玉。按常规，收到御诗的张廷玉翌日就当到宫门叩头谢恩。但不知他出于什么考虑，没有亲自去，而让儿子代往。

乾隆暴怒，当即召开军机会议，准备拟旨责问张廷玉是何居心。军机大臣汪由敦是张廷玉的弟子，赶紧写了张字条让人送到老师家示警。

没想到年近八十的张廷玉老糊涂了，第二天天没亮就跑到宫门前请罪。此时谕旨还没下发，摆明了告诉乾隆有人给他通风报信。

最后，乾隆勉强保留了张廷玉"配享太庙"的待遇，以示对雍正的尊重，但剥夺了他的伯爵。

好不容易熬到开春，张廷玉终于可以启程了，岂料就在他即将南下之际，乾隆的长子永璜死了。永璜是乾隆最为钟爱的儿子，也是张廷玉的学生。按情分，追悼会不能不参加，张廷玉也确实以老迈之躯前往祭奠了，但归心似箭的他等不到葬礼结束便上表说要走，还沉浸在悲痛之中的乾隆忍无可忍，下旨叱问道："你自己说你还有没有资格'配享太庙'？"

就这样，张廷玉一无所有地回到桐城，从此一病不起。

谁知人在家中坐，祸从天上来，张廷玉的亲家朱荃又出事了。

朱荃在清贫的翰林院苦熬多年，好不容易撞上个外放学政的差事，到四川主持乡试。这一趟下来能捞不少，把连年的欠债都还清。但天命无常，就在他准备动身时，家里传来噩耗：老娘死了。

圣朝以孝治天下，这种情况官员理应回家奔丧并丁忧，但朱荃反复权衡，觉得外放学政的机会估计下半辈子很难再碰上，于是匿丧不报，直奔四川。

此事被人检举，乾隆小题大做，怪罪到张廷玉头上，下旨斥责他道："你怎么跟这样的小人结为姻亲？明白回奏！"

张廷玉不卑不亢地回复说我什么都不知道，当初犬子娶他女儿时，我也稀里糊涂的。多亏您提醒，我现在如梦初醒。

乾隆合计了一下，发现张廷玉已经没什么可剥夺的了，就命他把家里所有的御赐物件悉数上交。具体负责追缴事宜的是内务府大臣德保，临行前，乾隆专门嘱咐他到了桐城带着兵丁去，看张廷玉是否家藏万贯，是否有片纸只字诽谤朝廷。

然而，让乾隆大失所望的是，张廷玉的私德近乎一尘不染，什么把柄都没有，德保回京复命时还帮他说好话。乾隆只好下旨把张廷玉痛骂了一番，任其自生自灭。

当年，张廷玉领衔修《明史》，不知他自己读史时会不会心生感慨。先秦时，燕昭王高筑黄金台延揽天下英才，乐毅乃其中的佼佼者。他率兵连破齐国七十余城，只剩下莒和即墨两座孤城未克。这时，燕昭王去世，齐将田单派人施展反间计，使即位不久的燕惠王撤掉了乐毅，而后用火牛阵大破燕军，一举光复齐国。

乐毅见燕惠王昏庸，拒不奉诏，一口气跑回了自己的祖国赵国。燕惠王悔恨交加，给乐毅写了封信，一边道歉一边大谈燕昭王当初对乐毅的知遇之恩，暗示他一走了之不仗义。

乐毅回了封信，即著名的《报燕惠王书》，主旨用孟子的话说就是"君之视臣如手足，则臣视君如腹心；君之视臣如犬马，则臣视君如国人；君之视臣如土芥，则臣视君如寇仇"。

乐毅明白无误地告诉燕惠王他的人生信条是"能任劳，不能任怨"。为君王效力可以，流血又流泪不干。

燕惠王收到乐毅的"绝交信"，竟然继续善待他留在燕国的家人，还欢迎他常回家看看，必以客卿之礼待之。

封建时代的"忠"和秦汉以后专制时代的"忠"判若云泥，前者如《论语》里的"为人谋而不忠乎"，乃尽心竭力之意，强调人与人之间的以诚相待，绝非后者的"君要臣死，臣不得不死"。

以后周宰相范质为例。此人是周世宗任命的托孤重臣，但陈桥兵变后，范质无力回天，只能顺应潮流，继续为赵宋效力，死后家无余财，赵匡胤赞之道："这才是真宰相！"

然而，宋太宗赵光义的评价却很奇葩：宰辅当中若论守规矩、慎名节、重操守，没人能比得过范质。范质这人什么都好，就是有一点很可惜——他欠周世宗一死啊！

典型的得了便宜还卖乖。

即便如此，不杀士大夫及上书言事者的宋朝仍然是无数文人向往的时代，再往下发展，到了清代，那可真是"君要臣活，臣不敢不活"。

一次，雍正对一份奏折里的"君恩深重，涓埃难报"八个字大为光火。乍看之下，很难理解——这明明是在表忠心啊！但雍正不这么认为，他驳斥说："但尽臣节所当为，何论君恩之厚薄。"言外之意是，不管皇帝对你恩深恩浅，哪怕无恩有仇，冤枉了你，也得发自灵魂地尽忠，不能有丝毫二心。

雍正是这么想的，也是这么干的。有一年黄河水清，官员们纷纷上奏，歌功颂德。就在这些拍马屁的文章里，有两份格式上不合规矩，一封是鄂尔泰的，一封是杨名时的。

鄂尔泰好说，雍正曾对左右言："朕有时自信不如信鄂尔泰之专。"（我有时宁可信他，也不信自己）而杨名时虽然正直，但过于好名，雍正很烦此人。

于是同样的错误，前者因属"难得的忠臣，不能因小节有失就处分他"，而后者"向无忠君爱国之心，犯了这么大的错，必须严惩不贷"。

　　说一千道一万，其实无非梁武帝的那句名言："我打来的天下从我手里失去，也没什么好遗憾的。"（自我得之，自我失之，亦复何恨。）传统中国的君臣关系，还不如《古惑仔》里的陈浩南与山鸡来得真挚。

　　张廷玉去世后，乾隆顾念"皇考之命何忍违"，还是恢复了他心心念念的"配享太庙"。

　　然而这并没有什么用。二百年后，溥仪都成了战犯；千秋万代之后，谁还记得太庙里有过哪些人。张廷玉妄执了一生的终极意义，终归只是一道幻光，一把君主利用臣子"名我心"的诱饵。他超越了那个时代绝大多数的人，但始终未能超越那个时代。

　　由此观之，"不朽"也是种欲望，只不过看上去比名利高级一些而已。原始人在山洞的石壁上作画时从未想过流芳百世，但他们沉浸在那一刻的自娱自乐之中，战胜了死亡的恐惧。

　　生命的意义终究属于生命本身。

李野林的彩墨人生

　　李野林最后一次见到周伦是在成都玉带桥街的一家美工商店。

　　望着这个忙前忙后、动作麻利的"熟练工"，他好奇道："你不拉小提琴了？"

　　周伦愣了愣，双眸闪动着酸楚的回忆，但旋即释然道："小提琴害我失去了一切，还不如干点跑腿活来得痛快，人到中年万事休……"

　　说完，蹬着破旧的自行车送货去了。

　　不久，玉带桥街拆迁，美工店不复存在，李野林再也没见过周伦。直到几年后才听人提起，说他已经去世了。

　　30年前，周伦是武汉军区文工团的小提琴手。

　　他个头矮小但聪慧潇洒，才华横溢而倾倒众生。长春电影制片厂听说后，想调周伦过去工作，可文工团死活不肯放人。热爱艺术的他不惜铤而走险，打算先退伍回到成都，再去长影。结果两头失算，成了无业人员。

为了生存，周伦跑到四川剧场门口拉琴卖艺。路人虽不懂阳春白雪，却被那如泣如诉的动人旋律所吸引，纷纷驻足，慷慨解囊，并不解道："这么有才气的人，为何省市歌舞团不接收他？"

很快，由于剧场撵人，周伦连流浪艺术家都当不下去了。他找到李野林，希望这个画家朋友能帮忙制作一些招生广告——他要靠教学生来糊口。

李野林欣然应允。

讵料，精心设计的广告一出现在街头便招来了工商局的禁令：未经有关部门批准，不许招生。

周伦走投无路，只好依依不舍地收起心爱的小提琴，投入拉架车、倒粮票的世俗生活中去。

荒诞的年代，每天都在上演黑色幽默。给周伦的人生带来转机的，竟然是"十年浩劫"。

由于工厂兴起了"毛泽东思想文艺宣传队"，经人介绍，周伦到一家厂子担任艺术指导——这意味着他又能拉琴了。

那是一个月光皎洁的夜晚，万籁俱静。一地的银光勾起了淡淡的忧伤，周伦辗转反侧，想起了初恋女友娜娜。

娜娜是四川人民医院的一名护士，父母都是大学教授。酷爱音乐的她同周伦交往过一阵子，却在得知他既没工作也没房子后翻然而去，只留下一段如梦似幻的回忆。

周伦细细地咀嚼着蚀骨的思念，写下了柔肠百转的《娜娜之歌》。

哀婉的曲调，优美的歌词，使这首歌像刘半农的《教我如何不想她》一样广为传诵。一个成都知青听见后，保留曲调，重新填词，将《娜娜之歌》改编成了《知青之歌》，迅速红遍蜀地。

然而，随着"文革"进入尾声，工厂不再需要宣传队，周伦又失业了。

一天，一个解放军战士找到他："周伦，我们首长叫你去一趟。"

周伦赶紧抱起小提琴，同他往成都警备区司令部走去，一路上浮想联翩："莫非首长听说了我的大名，要请我去文工团工作？"心念及此，他的嘴角微微向上一翘。

司令部在人民中路，首长已经坐在接待室的皮沙发上等他。

周伦按照部队的老规矩，笔挺地站在六米开外，等候发话。

首长："你叫周伦吗？"

周伦："是的，我是周伦。"

首长："你会拉小提琴吗？"

周伦："我会拉小提琴。"

首长："你会拉《东方红》吗？"

周伦："我会拉。"

首长让他拉一曲。

对周伦而言，这纯属小菜一碟。他认真地拉了起来。

突然，首长狠狠地朝茶几上拍了一巴掌，起身咆哮道："会拉《东方红》你不拉！你的《知青之歌》流毒全川，影响恶劣！"言毕，对警卫员道："把他给我抓起来！"

周伦两眼一黑，大脑一片空白。他被送到了劳教队，从此与艺术绝缘……

许多年后，当李野林吟唱《娜娜之歌》时，依然会被蕴含其间的情愫所打动：

> 月亮高挂天上，水仙花正开放，抬起温柔脸儿，向月亮吐露芬芳。
>
> 我的娜娜啊，你是我心中的爱，我的心儿啊，永远为你歌唱。

他想起电影《美丽人生》里那个和儿子一道被法西斯关进集中营的父亲。

为了不让童真抹上阴影，乐天派的父亲告诉儿子，所有的残酷不过是一场游戏，对大喊大叫的人假装害怕就会获得积分，通关奖励则是一辆崭新的坦克。为此，他编织了一个又一个美丽的谎言，直到生命的最后一晚。

那是纳粹败退之际，他将儿子安顿在一个铁箱里，趁乱去寻妻子，结果不幸被捕。路过铁箱时，他知道儿子正注视着自己，于是装出一副滑稽的模样，坚持使之相信一切只是个游戏，不要害怕，微笑面对。

然后，枪声响起……

当阳光重新洒向大地，儿子在晨曦中看见盟军的坦克，激动地跑出箱子，奔向母亲，大喊道："我们赢了！"

他不知道，父亲已死去多时……

在战争的硝烟弥漫中，在集中营的暗无天日里，甚至在死亡来临的那一刻，人性之光依然耀眼夺目。

不论是贝尼尼的电影，周伦的歌，还是李野林的画，当抽离了艺术的表现形式后，主题其实是相通的，那便是超越了政治和时空的人类文明的永恒诉求——爱与自由。

1939 年，当徐悲鸿完成了那幅著名的《珍妮小姐画像》，张大千刚在成都办完画展准备去敦煌临摹壁画时，一声婴儿的啼哭划破了四川广安的上空。

李野林的出世，给这片福地赋予了另一层含义。

表面上，父亲李崇黄是小学校长，暗地里的真实身份则是中共的地下党员。由于很少回家，小野林想爸爸时只能抬头看墙，因为上面挂着父亲的油画。

艺术的熏陶使不到五岁的野林迷上了画画。他把父亲那一支支外国进口的粉笔放在小碟里用水一溶，便成了水彩画的"颜料"。

乡下的童年恬淡而漫长。夏日的夜晚，奶奶将几根长凳摆在院子里，上面放一个宽大的竹箕。每逢此时，小野林和姐姐便会自觉地爬进去，静静地躺着，仰望苍穹。

浩瀚的星空吸引过凡·高，也迷住了野林。每当看到流星划过天际，他便兴奋地伸出手去，抓那条长长的尾巴。发现不能遂愿后，又找来画纸，努力画出脑海中的夜空。

然而，小野林并不总是这么"呆呆傻傻"，他很有生意头脑。

由于母亲去世得早，李崇黄又把家里的钱都拿去干革命了，和奶奶相依为命的野林不得不做些零工补贴家用。

他最喜欢干的活是做火柴。

在火柴盒底部，两根一组，以"×"形往上重。叠到半盒时，再将火柴挨着平放，且有意装得冒出盒子。表面看鼓鼓的，其实两盒能"变"出三盒来。

做买卖的瘾还没过够，新中国成立了。

李崇黄被调到省公安厅。一安顿下来，他就托人将李野林带到成都，以便接受更好的教育。

阔别生活了12年的家乡，李野林第一次乘坐火车。望着窗外迅速后移的田野丘陵，他又动起了脑筋："怎样才能画出流动的景物？"

公安厅在人民南路旁的巷子里，没有挂牌，门卫将野林带到父亲的办公室。

时值严冬，李崇黄身穿解放军的棉大衣，帽子上绣着红五星，左臂绣着一块写有"公安"二字的袖章。

看着儿子草鞋里冻得通红的双脚，李崇黄心酸不已。

在其安排下，春节刚过，李野林就进入陕西街小学念补习班，准备下半年再考初中。

一天，少先队组织郊游，每个队员要交五毛钱的活动费。野林回到李崇黄的宿舍，没见着父亲，被告知有急事出差去了。

无奈之下，在成都举目无亲的他只好找父亲的同事借了五毛钱。

不久，李崇黄从外地归来，得知儿子借钱之事，狠狠地教训了他一通："这么小就敢向别人借钱，发展下去，长大不是要成为骗子吗？"

李野林诚惶诚恐，拿着父亲给的五毛钱，还给了那位叔叔。从此，即使再困难，他也没开口向任何人借过一分钱。

很快，由于成绩优异，李野林考入成都五中。李崇黄也因工作突出，被市局借调过去。从此，他更忙了，李野林只好住校。

开学第一天，住校生们听到钟声都起床洗漱了，躺在上铺的李野林却睡得正香。

突然，一只大手揪住他的耳朵，将之惊醒。睁眼一瞧，只见一个中年老师厉声道："同学们都起来了，你还在梦周公！"

李野林满脸通红，赶紧翻身下床。

早操时，只见那个揪他耳朵的老师拄着一根拐杖，费力地走上主席台。站定后，他对操场上的众人道："今天我去男生宿舍查房，有个寝室大家都起来了，可是还有个同学躺在上铺一动不动……"

李野林蒙了，后面的话一句也没听清，只看到周围的人都笑了起来。他无地自容，羞愧难当，从此对同学们口中的这位"唐老师"敬畏交加。

因为擅长画画，李野林被选为班上的宣传委员，并被推荐到学生会画黑板报。

一天中午，他正在寝室作画，一个同学上气不接下气地跑来，道："唐老师叫你去学生会一趟！"

李野林心头一紧，放下画笔，飞快地赶到学生会。只见唐老师站在黑板报前，和蔼道："这些画都是你画的吗？"

李野林拘谨地点了点头。

唐老师高兴道："你画得很好。我过去也喜欢画画，以后有什么事你可以来找我。"

不久，根据教育局的指示，学校不再开设英语课，原先教英语的唐老师成了全校的美术老师。在他的关照下，只要李野林去图书室借书，可以不限时间和数量。得此便利，野林每隔几日便抱回一大堆杂志与画册，含英咀华，打下了扎实的理论基础和素描功底。

交往日深，李野林了解到唐老师的凄凉往事。

他原是上海新华美专的学生，专攻油画，才名远扬。一次，学校要办画展，他用一个月的时间创作了两幅油画，准备参展。结果就在最后一晚，两幅画不翼而飞。重画肯定来不及了，他彻夜未眠。

翌日，画展开幕，他进去一看，竟然发现了自己的那两幅画，只是签名被刀刮去，改成了另一个名字。定睛一看，却是自己的同班同学。

怒火中烧的他找到当事人质问，两人登时扭打起来。一不小心，他滑倒在地，左腿骨折，送到医院也未能康复，成了残疾人。

从此他放弃了绘画，改学英语，1949年以前一直在电台当翻译。

时光的磨砺使唐老师平静得像在讲述别人的故事。他告诉李野林，自己见过不少学画的学生，很有天赋，却没有决心。进校时努力，毕业时改行，令他非常失望。

他停了停，一字一顿道："这么多年来，你是我见过最有才气和毅力的人，只要不断努力，一定可以成为一流的画家。"

李野林心潮澎湃，不能自已。他突然觉得，世间是有轮回转世的，不是肉体，而是精神。

李野林暗暗发誓：我绝对不会让唐老师失望的。

但是很快，他便遭遇了打击。

某日，李野林到《红领巾》杂志社投稿，美编泼冷水道："你要画画？这可是个危险的职业！"

他想起不久前父亲同自己的一次谈话："中国刚解放，百废待兴，需要大量搞经济建设的人才。如果你学工，将来工作肯定不成问题；如果学画，国家太穷，你的前途难以预料。"

李野林没有动摇，而是选择遵从内心。

天道酬勤，他的作品终于在《红领巾》上发表了。同年，由四川省文联主办的"全省青年美术作品展"上，李野林的两幅画《把我们的劳动果实献给祖国》和《蓖麻丰收》入选展出。

中国美术家协会的钟知一被这个年仅15岁的"小画家"打动了，当场对他道："你画得太好太生动了，我要把你介绍到四川画坛去！"

李野林志得意满，唐老师也给他吃了颗定心丸："以你的水平，毕业后去四川美院附中读书完全没有问题，学校会推荐你的。"

可惜天有不测风云。

毕业前的体检，李野林被查出患有轻微的肺结核。

那个年代的肺病像瘟疫一样可怕，李野林的母亲就是因此过世的。他的升学梦被一纸体检表无情地判了死刑。前路茫茫，何去何从？

父亲给李野林买了去内江的火车票，让他到姐姐家养病。挥别了母校、同学和恩师，他满腹惆怅地登上了火车。

汽笛鸣响，车轮转动，李野林望着窗外渐行渐远的"成都"二字，潸然泪下。

姐姐供职的人民银行内江分行白马镇营业所就在沱江边上，野林带着画具和药品，被安排到单位顶层的阁楼住下。

晚上，他辗转无眠，一直纠结到后半夜才痛定思痛，决心抓紧治好肺结核，争取来年考入美院附中。

沱江，第一次让李野林感受到"水"在绘画里的重要性。每天他都坐在江边画水彩和素描，被船来船往、悠然淡雅的景色所吸引，觉得四极八荒往来古今的风华皆凝聚在这一时一地，直到夕阳西下，也不忍离去。

很快，"画家"的大名在小镇上传开了，一个乡村小学的校长请他去当美术教师。于是，16 岁的李野林第一次站上了讲台。

学生们都很喜欢这个省会来的小老师，纷纷向他请教："为什么我们天天生活在这里并不觉得美，而通过老师的画，却发现家乡变美了？"

李野林想了想，道："这就叫艺术加工。绘画者把眼睛看到的纷繁事物取舍提炼，画出来的画便比实景更美。"

1956 年底，李崇黄调到市公安局干部学校当老师。李野林见肺病基本痊愈，归心似箭，谢绝了姐姐的挽留，回到成都。作为团员，他的组织关系转到新华东路街道办事处，并当选团总支书。

轰轰烈烈的反右开始了。

李野林在《人民日报》上看到华君武的反右斗争漫画，灵机一动：自己也曾在《成都日报》上发表过漫画，反响不错。何不以反右为题材，开展创作？

在父亲的出谋划策下，李野林画了大量的反右漫画，公开发表的有 20 多幅，其中一张还荣登《四川日报》，成了文艺界的反右急先锋。

街道党委一致认为，李野林作为革命干部的子弟，立场坚定，表现突出，应该吸收为共产党员。

鉴于党章有年满 18 周岁方能入党的规定，而李野林只有 17 岁，党委决定为他保留名额一年。

然而，形势变化之快，超出了所有人的想象。

随着毛泽东提出"大跃进"的口号，全国的政治重心转移到"赶英超美"上。成都市公安局很着急，因为百分之五的右派指标一直没完成，还谈什么跑步进入共产主义？

为此，工作组把目光盯上了那些无辜甚至有功的人。

毫无思想准备的李崇黄在工作组公布最后一批右派名单时惊呆了——自己的名字位列榜末。

虽说是当"人民内部矛盾"处理，但"开除党籍，送雅安农村监督劳动"的惩罚还是让李崇黄这个老党员痛彻心扉。在同儿子散步时，他哽咽道："我要去农村改造了，没有能力再供养你，你考虑是回广安老家，还是到你姐姐那去？"

李野林热泪盈眶，道："我 10 岁便能挣钱养活自己，现在已经 18 岁了，完全可以靠画画赚钱。你不用担心，我就留在成都，哪也不去。"

第二天一早，李崇黄背着行李随右派大军去往雅安。李野林也从父亲的单位宿舍搬了出来，借住在同学黄大姐家中。每天天不亮他就起床，小跑到一号桥的河边坐下，准备好画具，等待太阳从云层里出来。

一天中午，他照例画完写生，回到家中。忽见床上放着一张字条，拿起来一看，大惊失色：

> 时间很快，你在我家已经寄住了两个月。这段时间我们感到很不方便，希望你赶快找房子。

李野林鼻子一酸，两行热泪顺着脸颊直往下淌。他跑到河边的田埂上，一屁股坐下来，号啕大哭。

待心情平复后，他冷静地分析了一遍，断定字条是黄大姐的妹妹写的。黄大姐素来心善，当初见野林可怜，主动提出让他搬过来住，待之若亲弟弟一般，不可能如此绝情。

但即便如此，性格要强的李野林也不打算寄人篱下了。他在附近租了一间8平方米的小屋，月租5元，又购置了一些简单的家具，当天下午便搬进了"新家"。

临别时，黄大姐泪眼婆娑地拉着他的手道："真对不起，又让你伤心了，都是我妹妹不好……"

李野林成了自由职业者，靠微薄的稿费生存。他终于明白为什么画画是"危险的职业"。

经济的拮据犹可忍受，精神上的痛苦却无法化解。

父亲为了革命散尽家财，把全家人的脑袋都拴在裤腰带上，最后却戴了顶"反党反社会主义右派"的帽子，试问天下还有比这更荒谬的事吗？

"右派"的儿子，当然不再有入党的资格。不过李野林也无所谓了，他生性爱美，对政治既不擅长，也不喜欢，只想敬而远之。他已打定主意，将绘画作为自己毕生的事业，上下求索，矢志不渝。

1958 年，全国掀起了如火如荼的"大炼钢铁"，李野林的生活也随着这场闹剧红火起来。

《成都日报》曾一天刊登了他三幅画，四川的媒体没有不知道李野林的大名的。不过，最令他兴奋的还是在这年冬天找到了自己的真爱——在幼师念书的杨金玉。

不久，由省委宣传部主管、妇联主办，四川仅有的三家省级杂志之一的《四川妇女》也向他抛出了橄榄枝。本来文联推荐了一个科班出身的女画家给《四川妇女》，结果对方不要，点名让李野林去。

杂志社只有两个男的，其余全是女性，多为省级领导的夫人，官僚作风严重。

一次，李野林从印刷厂拿到画好插图排好版的初稿交总编审查。总编住省级机关宿舍，李野林敲门进去，把稿件交给了她。

她懒洋洋地靠在床头，旁若无人地审完整本杂志，也不让李野林找个凳子坐下。

野林故作镇定，内心却产生了深深的厌恶：你在公开场合不是常讲为人民服务没有高低贵贱之分吗？现在却这样对我，公平吗？

比不公更难忍受的是歧视。

每逢杂志社搞政治学习，官太太们总要一本正经地教育李野林：

"作为共青团员，在党的杂志工作，一定要站稳立场，同你的右派父亲划清界限。否则，你在思想和工作上都要出问题。"

李野林非常反感——不是天天讲"有成分，不唯成分论"吗？不是重在政治表现吗？我父亲的"问题"与我有什么关系？

但他还是一副共产主义接班人的表情，没有流露出丝毫不快，只是心里清楚：此处绝非久留之地。

于是，他白天任劳任怨地工作，一到晚上就关起门来把窗户用报纸粘上，对着试衣镜画人体素描。同时，抓紧一切时间画速写，每天至少 20 张，寄往各处。

终于，连《人民日报》也发表了李野林的作品。他过上了不靠工资，仅凭丰厚的稿酬也能衣食无忧的日子。

1959 年底，《四川妇女》刚刚出满 12 期，李野林便离开了这个压抑的地方。

临走前，妇联的领导极力挽留。见他执意要走，只好说："我们正通过省委宣传部物色搞美术的人，在没调来新人之前，你一定要安心做好本职工作。"

没过几天，真的来了一个 30 多岁、在《工人日报》上班的男子，看上去很有经验的样子。

领导挺高兴，把来者和李野林带到会议室，想让两人对决一番。

结果高下立判。

一张速写，李野林几分钟就搞定了，对方抓耳挠腮半个多小时也没画出来，惹得围观的同事窃窃私语："还没小李画得好，真是个大笨蛋！"

当晚，领导来到李野林的宿舍，严肃道："组织希望你留下来，培养你摄影、撰稿和入党，成为一个多面手。"

李野林决心已下，任何甜言蜜语都打动不了他。第二天一早，他卷着行李离开了杂志社。

父亲得知后，写信把他骂了个狗血淋头："这么好的工作你不干，美术编辑的头衔你不要，偏要到社会上去当流浪汉。你的生活很危险，就像在走钢丝！"

其实，李野林活得很明白。人，最珍贵的东西往往是上天赋予而被后天剥夺的，比如自由。他已经实现了财务自由，要去追求精神自由了。他越发感到时间的宝贵和心情的重要。如果老在抑郁中生活，顾忌他人的目光，揣摩他人的心思，而将真正的事业耽误了，迟早会因虚度年华、碌碌无为而悔恨终生。

然而，体制是头怪兽，逍遥派也不放过。

妇联一位领导的丈夫是省文联美工室的主任，听说野林辞职的事后恼羞成怒，给全省报刊发出禁令，不准登载李野林的画。

为了生存，为了酷爱的艺术，李野林只好四处奔波，帮各单位创作宣传业绩的连环画，不放过任何赚钱的机会，直到"三年自然灾害"的来临。

大街上开始出现抢食的，为了果腹把家里的衣物当光从黑市买高价粮的也大有人在。

因缺乏营养，李野林得了水肿病。他脸色苍白，周身无力，走路直打飘。

农村的情形更惨。父亲从雅安来信，说重病不起，让儿子赶紧去看看他。

李野林当即买票，在长途汽车上颠了大半日，又走了三个小时的泥路才冒雨赶到草坝乡。跟当地农民一打听，得知还要翻过丘陵，找到一个池塘，方能看见父亲的住所。

下午五点，大雨滂沱，一座破旧的茅屋出现在视野当中。

李野林跑了进去，只见父亲气若游丝地躺在床上，头裹一条乌黑的毛巾，脸色青黄，瘦骨嶙峋。

李野林惊呆了：不过几年光景，原本意气风发的父亲便被摧残得不成人形，这是怎样的一个世界！

他拿出随身携带的颜料，只用半个小时便画出了父亲的油画肖像，题名"灾害之年"。

作画的过程中，父亲向他讲述了一个神奇的故事："你爷爷去世时，阴阳先生对我说'你父亲的坟头正对着远处的山口，你看那边的天上有彩云飘过，这意味着你家后代要出一位大画家'。我年轻时也在艺专学过画画，后来因交不起学费就干革命去了。你堂叔生前在中央美术学院学习油画，连外国专家都夸他画得好，前途无可限量，可惜"反右"时被划为"极右分子"，在劳教队病死了。现在看来，阴阳先生说的大画家就是你。野林，你要坚持下去，我相信你一定能取得非凡的成就！"

李野林认真地点了点头。

帮父亲调养好身子后，李野林回到成都。一天，听说龙泉驿的农民在批发胡萝卜，李野林跨上一辆破自行车便往龙泉方向赶。

由于体弱无力，大半天才骑到那个传说中的地下农贸市场。只见人头攒动，到处都是闻风而来"捡便宜"的。

李野林带了一个旧麻袋，两毛钱一斤的胡萝卜买了 40 斤，塞得满满当当驮在自行车后座上打道回府。

路上，受不了肚子咕咕直响，他左手扶稳车把，右手从麻袋里掏出萝卜，往裤腿上一蹭，带着黄泥就狼吞虎咽地朝嘴里送。等回到成都下车一看，萝卜所剩无几……

熬过了天灾，却躲不开人祸。文联禁令高悬头顶，阴魂不散。

在给成都文化用品公司当临时工期间，李野林的才华受到公司美术部的赏识，以单位的名义在《四川日报》发表了他的作品。报社眼前一亮，派人到公司询问是谁画的，得知是李野林后，立刻色变："上面有通知，他的画一律不许见报。"

作为一家开明国企，成都文化用品公司想让李野林转正，发挥所长。但早已习惯了自由职业的他清楚，作为"右派"的儿子，即使进了国营单位，肯定也待不长，便婉拒了公司的好意。

春天到了，一年一度的青羊宫花会又开展了，游人如织。李野林来到现场，选了几幅中意的速写肖像，贴在一起挂到树枝上当广告，并注明：十分钟画一幅肖像，收费五毛。

自打1949年后，人们还没见过这么新颖的"街头艺术"。李野林的生意好到令人眼红，一天能赚十多块，相当于上班族半个月的工资。

于是，保守势力又不爽了。花会当局认为，社会主义国家怎么能容忍"艺术乞丐"招摇过市？当即叫停了李野林的"摊位"。

还是一个朋友理解他，赠诗以示鼓励：

> 土贫根犹壮，何愁无新枝？野林切勿伐，定有参天时。

1962年，李野林同已经毕业、在幼儿园任教的杨金玉结婚。

没有任何形式的婚礼，只到春熙路街道办事处领了证，去内江姐姐家度了三天"蜜月"，便算完婚。

为了养家，李野林到民办的"成都战友艺术学校"担任美术老师。

在一次速写课上，他发现一个学生线条凌乱，但很生动。打听之下，得知他曾经学过工笔画，因家庭困难半途而废。李野林认定这是一棵绘画的好苗子，便向校方建议，免去了他的学费。

还有一次，他见一个25岁的学生毫无根基与天分，便直言不讳道："从你的画上看，没有任何绘画的元素。你比我还大3岁，我劝你赶快退学，去学其他专业，否则会耽误你一生。"

李野林因材施教，培养了以沈道鸿为代表的一批巴蜀画家。

1964 年，坐落于春熙路的红旗服装厂请李野林去画广告，要求将厂里的新式西装的特色表现出来。野林别出心裁，将赵丹、王晓棠等电影明星画了上去，引得路人纷纷驻足，抬头欣赏穿着时髦的偶像，连来成都旅行的外国人也兴奋地举起相机。一时间，服装厂的销量直线上升。

几家知名的服装公司闻风而动，争先恐后地请李野林画广告。一时间，他赚了个盆满钵满……

1966 年，中华大地上掀起了一场红色风暴。李野林见政治形势突变，很自觉地将多年来的人体素描一把火烧了。但很快他就发现，所谓的"乱世出英雄"说的正是自己。

无论哪个山头、哪个帮派，毛主席的大旗都是不能不举的，他的画像成了刚性需求，李野林这样擅长大型油画的特殊人才顿时大受追捧。四川的企事业单位天天找他作画，有的甚至直接把画架送到家里来。

江油的长城钢铁厂也慕名相邀。这是一家从上海内迁的国企，需要一幅总高八米的巨型毛泽东油画。

李野林来到工厂，只见画框已用钢板拼接焊好，正对着生产车间，工人们上下班都能瞧见。他像猴子一样沿着 3 米高的架子爬上爬下，每画几笔就要跑到 20 米开外观看效果。经过三天三夜的努力，终于完美收工。

厂领导看过后赞不绝口，说即便是过去上海美术公司画广告最快最好的人也望尘莫及。

木秀于林，风必摧之。一天，居委会的大妈找到李野林，说派出所的林所长有请。

他以为又是去画毛主席像，到了现场才察觉到气氛不对。林所长一副审讯美蒋特务的架势，大呼小叫道："李野林，我们知道你是大学生（固定开场白？），有名的青年画家。你这段时间一直在搞投机倒把，画毛主席像，挣的钱比李井泉（时任四川省委第一书记）的工资还高！"

李野林哭笑不得道："我不是大学生，也不是什么画家，我只是一个没有正式工作的待业青年。至于你说我挣得比李井泉还多，这是事实，因为革命组织都请我画毛主席像。我白天黑夜，加班加点，不说艺术，起码算个技术吧？你就没这个技术。你说我画毛主席像是投机倒把，这话千万别让革命群众听见——宣传毛泽东思想什么时候成投机倒把了？"

林所长被怼得哑口无言，换了个口气道："不是我们要整你，是幼儿园的人嫌你爱人凶，想整她，告到我们这儿来。"

金玉确实泼辣，听说丈夫被困，跑到派出所门口对围观群众道："你们评评理，我爱人画毛主席像，派出所说他搞投机倒把！"言讫，又骑车到公安局找军管会主任告状。主任立即打电话到派出所："你们这样做是错误的，要向野林同志道歉，马上让他回家。"

一场风波就此平息……

> 饱经风霜苦，历经坎坷路。
>
> 鬓白老眼花，人生茫茫路。

这首自嘲的小诗作于 1976 年夏，37 岁的李野林同六亿国人一样，已被折腾得身心俱疲，茫然无措。

十年里，除了画毛主席像，他还当过汽配厂的采购员和保温材料的销售。俗世里的摸爬滚打使他越发深刻地认识到：理解了生存，才能理解生活。

这也是李野林的忘年交张充仁（1907—1998）所认同的理念。

作为中国现代雕塑艺术的奠基人，张充仁与人民英雄纪念碑主体浮雕的作者刘开渠并称"南刘北张"。他自小师从外曾祖马相伯（复旦大学创始人，蔡元培、于右任之师），打下了深厚的国学基础。考入比利时布鲁塞尔皇家美术学院后，经曾任北洋政府内阁总理的陆征祥的介绍，结识了漫画家埃尔热，建立了长达半个世纪的友谊，并被后者画入了那本风靡全球的《丁丁历险记》。

张充仁曾替唐绍仪、冯玉祥、司徒雷登和邓小平等中外伟人塑过像，被齐白石誉为"泥塑神手"，是比利时国王波德的座上宾。

李野林同张充仁相识于 20 世纪 70 年代的上海。彼时，由于给蒋介石塑过像，这个西方媒体笔下的传奇人物受到极左思潮的冲击，过着默默无闻的生活。

然而，沉浸在艺术殿堂里的张充仁早就物我两忘，不以己悲了。在他看来，外界的喧嚣都是过眼云烟，艺术的魅力却永不褪色，而人生的意义就是当生命结束后，在世间留有痕迹。

李野林激动不已——自己寻觅多年，终于在茫茫人海找到了一见如故的同道。

友谊的深度，取决于双方本身的深度。李野林的小儿子李红林甚至长期寄住在张充仁家，接受艺术熏陶。

1978年，李野林到上海出差，张充仁告之展览馆正在举办法国19世纪的油画展，让他和自己一同前往。

在精湛绝伦的法国油画面前，李野林惊呆了。他情不自禁地伸出手去，触摸画面里的一块"干燥土壤"，疑心上面的"灰"是真的。

此前，在四川的小天地里，同行们都夸李野林的油画色彩很好。而此刻，在这一幅幅百年前的画作面前，他真正感受到了什么叫高山仰止。

震撼之余，李野林陷入了深深的思索：中国的油画和西方差距太大了，要想在这个领域取得令人瞩目的成就，比登天还难。能不能立足于本土，用国画的工具和材料，将中西方画派的精髓糅合到一起，开辟一个新的画种？

然而，李野林一直专攻油画，对国画一窍不通。因此，想法看上去很美，却不啻于痴人说梦。

　　为了实现梦想，他不惜从国画的基础书法练起，一边观摩字帖，一边用淡墨在废报纸上笔走游龙。

　　四年过去了，他没画过一笔画。就在亲友以为李野林准备改行当王羲之时，他终于提起画笔，集中练习国画的基础"写意荷花"。

　　又是四年寒暑不辍。家人都以为他疯了——你就是把荷花画到极致，能超越张大千吗？

　　只有李野林清楚，自己既不想当国画家，也不想当油画家，而是要把前者的意境和笔墨同后者对光、色、体、空间的表现力融合到一起，创造出一种前无古人的画风。

　　艺术的生命在于创新。但在山寨成风的时代，求变之难，令人望而却步。

　　康熙年间，画家王翚得意地在他收藏的一幅山水画上题词，说这是宋代一件临摹品的临摹品；和他同时代另一个擅长画花的恽寿平则被评论家赞为"深得北宋画家徐崇嗣的'没骨'之法"，将二人的作品相提并论。

　　由此可见，古往今来的丹青圣手，早已穷尽了绘画的表现形式，留给后人超越的可能性越来越小。故近代以来，画坛的推陈出新多集中于内容和选材，比如林风眠的仕女、吴作人的熊猫以及李苦禅的鹰。而李野林要想在创作手法上开宗立派，前路将异常坎坷。

　　实验开始了。他用生宣作画，取其无法替代的浸润效果。但一涉及技法，便陷入了困境。

季羡林认为，西方的思维方式是分析的，而东方则是综合的。体现在绘画中即油画的重形不重意，国画的得意而忘形。

在创作实践中，李野林痛苦地发现，两种背道而驰的理念很难平衡，更不要谈融会贯通了。国画的情怀和意趣，同油画的透视与光影，不是顾此失彼，便是两败俱伤，出来的东西杂乱无章，惨不忍睹。

家人望着数以吨计的废宣纸，嘲讽道："你这些废纸就是送给收破烂的，人家都不要，别浪费生命了！"

日夜操劳，不堪重负的李野林病倒了。

就此放弃了吗？

每天都有向现实低头的人。妥协不难，难的是坚持。

他想起了周伦，那个有着如天之才却最终泯然众人的小提琴家。

他想起了以"雁荡小景"画大画，使"花鸟画"面目一新的潘天寿；用逆光处理山峰树林，构成独特表达程式的李可染。

最后，他想起了张充仁。听说他应法国文化部之邀去巴黎东方博物馆做雕塑。密特朗总统"假公济私"，让张充仁为他塑了肖像。总统夫人看过后惊叹道："张先生真了不起，不仅塑出了密特朗的个性特征，连他的家族血统也表现了出来。"最后，密特朗把办公室那些欧洲艺术家为他塑的肖像全部搬回了老家，只留下张充仁的这尊。

已届天命之年，剩下的时光弥足珍贵，李野林无比清楚自己想要什么。问题是，醍醐灌顶的那一"悟"，究竟在哪？

一天，家里的电视机因信号不好，模糊不清，屏幕上跳跃的色点吸引了李野林的注意。艳丽的色彩，朦胧的图像，好似西方印象派中的"点彩派"之作（用方形油彩笔将各种色彩一点点拼凑起来的画法），呆板无力。

事实上，电视收不到信号时，画面上的雪花颗粒在物理学上被称作"宇宙背景辐射"。它是宇宙形成之初，大爆炸产生的残余电磁波穿越遥远的时空被人类文明接收到的"太古之音"。

李野林盯着那片密密麻麻的小点，突然抓起一张宣纸，将之揉皱，再展开来作画，瞬间茅塞顿开——果然比平面宣纸更富表现力。

在此之前，傅抱石也曾做过类似的尝试，但这一次，李野林想走得更远。

揉纸不是目的，更不是标新立异，而是一种道法自然的创作理念。褶皱如同混沌的宇宙背景辐射，看似毫无规律，却是不事雕琢的"大象无形"。在这张"天地本貌"上，用彩墨和毛笔，以油画的色彩理论，勾勒出情景交融、刚柔相济的自然之美，谱写出一曲曲寓深雄于静穆之中的生命赞歌，已臻石涛所言"无法而法，乃为至法"的化境。

冲决了精神的罗网、思维的桎梏，李野林为山川传神，替草木写照，独与天地精神往来，以饱含雄奇之力的气魄与笔调将观者引领到"端庄杂流丽，刚健含婀娜"的琅嬛仙境，被壮美的协奏深深打动，沉醉不知归路。

被评论界誉为"宣纸上的油画"的"野林彩墨画"宣告诞生。

经过几天的苦思，李野林创作了第一幅彩墨画——《路》。

在这幅充满哲理的作品中，李野林将人生道路上的风雨和曲折反映了出来：丘陵中间，一条泥泞而崎岖的小路伸向天边。橘黄色的阳光打在路边的小树上，奠定了整幅画沧桑而深具内在张力的基调。

1993 年，《路》和另外七幅彩墨画被新加坡画家蔡延丰以 6400 美元的价格收藏。在那个"万元户"屈指可数的年代，李野林一夜暴富。

更令他欣喜的是，《路》被《四川百科全书》收录，同徐悲鸿、张大千等 16 位著名画家的作品一道，被评为近代以来四川美术史上的杰作。

李野林备受鼓舞，再接再厉，在彩墨画的王国里倾情挥洒，宛如指挥家舞动指挥棒，把所有音符都调动起来，奏响一首首欢快而隽永的交响乐。

于是，高耸入云的雪峰，连绵起伏的群山；江河横溢的田野，乱云飞渡的天空；孤寂苍凉的沙漠，惊涛骇浪的大海；傲立苍穹的白杨，搏击风暴的海燕……上千幅壮丽的彩墨画势不可当，喷薄而出，激荡着观者的心湖。

张充仁得知老弟"自创神功"，欣然为他出版的第一本个人画册《野林彩墨画》题字：辛勤岁月出心裁。

在文化部举办的首届中国艺术博览会上，由于参展者众，李野林赶到时展位已经排满。文化部艺术局的刘国华处长是个画家，看了野林带来的彩墨画后当即同展览公司联系，让总经理无论如何也要给他挤出一席之地。

开展后，李野林发现艺博会上的展品良莠不齐。一些画家为了哗众取宠，展示了许多腐烂不堪、令人恶心的东西，比如女人的生殖器。

改革开放释放了经济活力，也开启了"金钱至上"的魔盒。具体到绘画领域，便是画家的急功近利，浅薄浮躁，靠七拼八凑完成所谓的"革新"，造出许多不伦不类的怪胎。

艺术创作如果不能肯定美，至少也要否定丑。那些误入歧途的画家之所以画不好画，绝非手上功夫不够，而是精神高度有限。人性解放不是指性的解放和人的衰败，而是在敢于打破条条框框的同时，回归心灵的自由，以自由之心写自然之迹，把个体的生命体验、审美理念和人格精神投射进去，使每幅作品都打上鲜活的生命印记。

1994 年，"野林彩墨画大展"在四川美术馆举行。中外来宾六百多人，摩肩接踵，热闹非凡，既被彩墨画的艺术魅力所感染，又对李野林请了一个小女孩替他剪彩感到新奇。

研讨会上，野林讲话直来直去。他说，按中国美术家协会的章程，自己 20 世纪 50 年代就应该是会员，但他这辈子不打算加入美协，因为他觉得画家要靠作品说话，而不是虚衔。一个人不论做什么，关键是干实事，不能空有其名。

话音刚落，会场便爆发出热烈的掌声。四川省文化厅的潘培德起身道："我赞同野林的观点，画家的作品说明一切！我早就是中国美术家协会的会员，但我从来没有作品！"

众人愣了愣，随即响起经久不息的掌声。若干年后，潘培德短短的两句话依旧盘旋在李野林的脑海中，令他时时自省。

这次画展，全国的媒体都作了报道。《光明日报》驻四川记者站的站长孟勇专访李野林时抛出一个问题："我把四川文艺界比作一个旋涡，所有文化人都在这个旋涡里。它是一种向下拉的力量，如果谁能飞脱出来，他就是天才、大师。请问李老师，你是怎么飞出这个旋涡的？"

李野林笑道："告诉你一个秘密，几十年来，我从不进入这个旋涡。"

很快，孟勇介绍"野林彩墨画"的内参便发表在《光明日报》上。

新闻出版总署的《新闻出版报》和文化部的《中国文化报》相继跟进报道，野林彩墨画一鸣惊人，大放异彩，成为当年的文化现象。

1995年，受美国国际文化艺术中心的邀请，李野林第一次走出国门，在纽约举办了个人画展。前来参观的GOG绘画出版公司的总裁菲德尔赞叹道："传统的西洋画和中国画属于两大山头，而野林彩墨画则是中间立起来的另一座山头，它把二者的精髓融合到了一起。"

同年，在第三届中国艺术博览会上，国家体改委副主任张皓若站在李野林的画前观摩良久，连道："独树一帜，独树一帜，独树一帜！"最后，拿着三本野林的画册尽兴而去。

曾任四川新闻出版局局长的中国大百科全书出版社社长单基夫来到李野林的展位，单刀直入道："我在南坪县（现九寨沟县）当县委书记时发现了九寨沟。我敢说，如果由你来画一套九寨沟的组画，其他任何人都不敢再画，不信你试试看！"

老舍的夫人、齐白石的弟子胡絜青也来到了艺博会。90 岁高龄的她在年轻人的搀扶下观赏了野林彩墨画后，同李野林结为君子之交。此后数年，两人每逢春节都要将各自的画作印在贺卡上寄给对方，直到胡絜青仙逝为止。

《中国青年报》和中国国际广播电台现场专访了李野林。不少外国人更是许以重金，提出要买彩墨画，被野林婉拒了："我来这里，不是纯粹为了卖画，而是从事一项全新的事业。现在作品还不多，等以后时机成熟了，再隆重推出。"

1996 年的一天，四川省政府外事办给李野林打了个电话："韩素音看了你的画册，要来拜访你。你准备一下，如果她看中你的作品，能否送她一幅？"

华裔作家韩素音（1917—2012）很早便蜚声世界文坛，由其小说《瑰宝》改编的电影《生死恋》斩获三项奥斯卡大奖，她的粉丝甚至包括著名哲学家罗素。

翌日，在对外友好协会欧洲部部长和省外办一个处长的陪同下，韩素音来到李野林的画室。一进屋，她便道："我要用批判的眼光看你的画，好就是好，不好就是不好。"

但很快韩素音就被打动了，一边赏画一边感慨："看似很简单，实际不简单，人物的情感描绘得既生动又深刻。"

她相中了一幅人物画《鸟归林》，李野林按外事办的吩咐，提出送给韩素音。谁知对方坚持要付款，当场开了 1000 美元的支票，道："我们的画家非常辛苦，作家也很辛苦。这些钱不多，下次你来瑞士，我介绍几位收藏艺术品的朋友补偿你。"

韩素音起身将支票双手递给李野林，并在留言簿上用英文题词：

> 发现了一个全新、伟大的天才。他既有独创，又继承传统，必将在国际画坛产生重大影响。

原定的访问时间早就过了，随同人员小声提醒韩素音接下来还有别的安排，她坦然道："来得及，你们别慌。"于是，又流连了近一个小时。

临别之际，韩素音一再说回到瑞士后要写文章向西方世界鼎力推荐李野林，并称他是"中国的毕加索"。野林平静道："我只是中国的李野林。"

8 年后，联合国教科文组织的罗伯特先生也当面称李野林为"东方的凡·高"，野林还是平静道："我就是中国的李野林。"

对艺术家而言，安贫乐道不难，参透浮名不易。而在李野林看来，若为艺术故，二者皆可抛。用他自己的话说就是：

> 画家要靠作品说话，而不是靠嘴。画家最好的"包装"是作品，站在自己的作品背后，观众也能从中看到作者的"面孔"。

一心钻研艺术，名利反倒纷至沓来。

1996 年，马来西亚企业家林若枝以 10900 美元的价格收藏了李野林的《宝瓶口朝阳》，并出资在吉隆坡举办"野林彩墨画大展"。当天，马来西亚文化部副部长陆垠佑亲自主持活动，中国驻马来西亚大使钱锦昌出席剪彩；1997 年，四川电视台制作了纪录片《野林和他的彩墨画》，在国际电视节上荣获一等奖；同年，《人民日报》海外版刊登新华社驻联合国记者的通讯《野林彩墨泼纽约》，称："李野林的彩墨画展取得了中国画家在纽约办展从未有过的效应"；2004 年，中国创造学会授予李野林"创造成果奖"；2007 年，三亚市委宣传部主办李野林的画展；2009 年，天津人民美术出版社出版"大红袍"《中国近现代名家画集·李野林》。画册收录了 152 幅彩墨画，八开精装本烫金套盒，重达 5 公斤。大红袍系列画集从 1993 年起，以任伯年为开端，只有 70 位最具影响力的名家入选，且多为近代大师；2010 年，英国作家查尔斯·戴维森在伦敦出版了《李野林的故事》，面向全球发行，被牛津大学图书馆、剑桥大学图书馆以及大英图书馆等权威机构收藏。

然而，无论是文化部副部长陈昌本的赞美（"野林彩墨画是对传统中国画的重大突破，很不容易，非常难得"），还是美国驻成都领事馆文化处处长弗朗克的颂扬（"出类拔萃的野林彩墨画是连接东西方文化的桥梁"），都比不上一位普通粉丝带给李野林的触动。

　　那是 2000 年的夏天，一个 50 多岁的女人在朋友的带领下来到李野林的画室参观。她在一幅名为"未了情"的画前站住了，痴痴地看了许久，泪流满面。

　　交流中，她向李野林讲述了自己的故事：

　　　　"十年动乱"初期，我刚成年，父亲在银行工作。当时，各大单位都要派驻军代表，银行的军代表说我父亲是反革命，要拉出去判刑。面对这样的飞来横祸，全家都傻了，束手无策。为了父亲不当反革命，我狠了狠心，嫁给了军代表。

　　　　"动乱"结束后，丈夫复原回到广东山区的老家，我跟着他在农村生活了十年。我是个文化人，他是个脾气暴躁的大老粗，这段磕磕碰碰的婚姻终于在他毫无改变的情况下走到了尽头。

　　　　离婚后我回到成都。一天，在春熙路偶遇了多年前的初恋情人。此时我已年近五十，他也五十出头了，可以想见，早已结婚生子。我们的突然相遇，就像你画中描绘的这对男女，头各转向一方，久久地停留在那，无言以对，又不愿离开……

李野林良久不语。

当晚，他走出画室，仰望星空，想起儿时在乡下自己总爱伸手去"抓"流星。

吾生须臾，宛若一晃而逝的流星。或许，对冰冷的宇宙而言，人类的存在毫无意义。

多年前，彗星的偶然撞击给地球带来了生命的元素；多年后，宇宙的毁灭又将宣判人类命中注定的结局。

从生到死，宿命早定，宛如在广袤的银河中点燃一根渺若无物的火柴，还未发光，便已灰飞烟灭。

然而，唯其如此，唯其朝生暮死，生命才更显珍贵。那一晚，夜空中浮现出金色的倒影，那是父亲，是周伦，是唐老师，是张充仁，是一切饱经苦难却又坚韧不屈地活着的人们。

李野林明白了，不管我们做任何事，在宏大的历史和空间范围内都是微不足道的。但正是这些不计其数的微小善念，使得人性的种子即使在最险恶的环境中依然得以保存。经过时空的洗礼，在未来的某个时间和世界里放射出耀眼的光芒。

暗透了，更能看见星光。

如果平凡，是最后的答案

侯献波第一次去北京是在 1994 年。

那一年，摇滚史上的传奇科特·柯本在西雅图的家里饮弹自尽，侯献波迷上了冉冉升起的"魔岩三杰"。在距大学毕业还有一个月时，他决定辍学，离开生活了 22 年的上海。

侯献波的叔叔是虹桥机场的处级领导，他给喜爱文学的侄儿在机场内刊安排了一份月薪 6000 元的工作。谁知侯献波拒绝了家人眼中的"金饭碗"，执意要去北京找一个在人大念书搞音乐的朋友，把他母亲气得浑身发抖："早知道就不供你念大学了！"

侯父一言不发，把一根铅笔削到比拇指还短——他是一名海员，热爱文艺，厌倦名利。在侯献波看来，他平凡的一生就是一场向生活不断妥协的悲剧。削完铅笔，侯父递给儿子 600 块钱："不管怎么样，别逞能。能回来就回来。"

侯献波的北漂生涯只持续了一年。他一边在配餐公司打工，一边给《十月》《收获》等杂志投稿，还给张楚写过信。然而，由于他的作品很难定义，不知道是诗还是歌词，所以全部石沉大海。

另一方面，流行音乐已进入校园民谣时代，弄潮儿是老狼和丁薇。侯献波想玩摇滚，却找不到人组建乐队。于是，当在人大交的女朋友毕业去了海南之后，侯献波就回到上海，卖起了打口带。

除此之外，他还摆过 CD 摊，开过音像店，做过机场撕票员。1999 年，他去一家网络公司做设计，生活琐碎，唯一的乐趣就是在一个聚集了张悦然和安妮宝贝等作家的论坛"暗地病孩子"上发表诗歌。

一天，侯献波坐在双层巴士的上层路过繁华的淮海路。夜景光彩夺目，他却觉得自己像个多余的人，一切都无聊透顶。回到家，他用湿布把门缝塞上，准备自杀。

千钧一发之际，电话响了，是诗人乌青打来的。

乌青出生于一座名叫"玉环"的小岛，那是中国离钓鱼岛最近的地方，宛若世外桃源。然而他一直想摆脱这里，到外面的世界闯荡。从小到大，他离家出走过四次，最后一次是在高三，走到了西安，爬上了大雁塔，朗诵了一首韩东作于 1983 年的《有关大雁塔》。

这是那场反对"朦胧诗派"的诗歌运动中的代表作，乌青的特立独行可见一斑。日后，他因"废话体"而走红，写了不少争议很大的诗，比如《对白云的赞美》：

天上的白云真白啊

真的，很白很白

非常白

非常非常十分白

极其白

贼白

简直白死了

啊

彼时的乌青比侯献波还潦倒，除了借钱一般不给他打电话。侯献波劈头盖脸道："卡号报给你，密码报给你，自己拿。我要去自杀了。"

结果挂完电话没多久，警察找上门来……

自杀未遂的侯献波时来运转，很快便发了笔横财。

那是互联网的春天，热钱涌动，博库网以真金白银鼓励活跃于网络的独立写作者。他们找到侯献波，开价一万，签下了他五年来的诗作。

世纪之交的一万块还很值钱，侯献波立即辞职，联系乌青。

乌青已从浙江工业大学辍学多日，窝在杭州的一家网吧。两人一拍即合，从上海出发，坐 40 个小时的绿皮火车抵达成都，见到了诗人何小竹，又通过他认识了一个剃着光头、矮矮胖胖的中年男子——"非非"诗派的领军人物杨黎。

诞生于 1986 年的"非非主义"是当代中国最大的先锋文学流派，在国内外产生了深远的影响。但时值 2000 年，属于诗歌的时代早已过去，"非非"的代表万夏、二毛和李亚伟等人纷纷下海经商，杨黎则跑过销售，办过广告公司，甚至开过夜总会，此刻正闲在成都打麻将。

第一次见面，杨黎请乌青和侯献波吃火锅。在听他们念了各自的作品后，杨黎非常感动。他一直以为诗歌的精神传承已经断裂，但眼前这两个虔诚的年轻人一脸笃定地表明：还在。

侯献波也很激动，"就像党组织终于找到了根据地"。他留在成都参与创办杨黎、韩东与何小竹发起的"橡皮网"，帮他们设计网页。

网络阵地搭建完毕，杨黎正式提出自己的诗歌理论：废话。他认为，诗歌写作的意义建立在对语言的超越之上。超越了语言，便超越了大限。而超越了语言的语言，就是废话。

杨黎要把诗歌从文学当中剥离出来——如此极端，如此抽象。如平地惊雷，"橡皮"吸引了许多文艺青年。侯献波和其中一个女诗人陷入一段歇斯底里的爱情，随她到了北京。很快，两人激情耗尽，侯献波再次回到上海，当起了货运工。

与此同时，杨黎也和一个网名叫"橡皮的姑娘"的北京女孩结缘。他转让了酒吧，为爱迁居北京。

上海。

工人顶着烈日将铝制的排气管道卸车，运往仓库。在他们看来，高高瘦瘦、干净沉默的工友侯献波与周遭的环境格格不入。

侯献波也是这么认为的。

他想阅读和写作，可工作挤占了他大量的时间与精力。而此时，全国各地的诗人正纷纷涌至北京，杨黎给侯献波打电话："你在上海干什么？"

"做装卸工。"

"你有毛病啊，赶快过来！"

侯献波有点犹豫，杨黎说："我帮你找工作。"

于是侯献波第三次入京，到刚成立的紫图出版公司（创始人万夏）上班，成为一名图书编辑。同时，他开始了一段乌托邦式的生活，住进位于通州杨庄的"火星招待所"。

这是一间90平方米的出租屋，在一栋建于20世纪80年代的六层公房里。2000年，诗人张稀稀大学毕业，以每月1500元的价格租下了这间屋子。几个月后，他的两个大学同学（其中一个是诗人蝈蝈）到北京谋生，搬进了这里。再往后，侯献波和比他小七岁的吴又、张羞也陆续抵达，张稀稀的"家"渐渐成为一个据点，外地诗人到北京，首先要来这里"拜码头"。

张稀稀有一床来历不明的被子，军绿色的被套上绣了五个字：火星招待所。一到周末，京城的诗人便啸聚于此，举办诗会。房间虽装潢简约，但空间开阔，最多可容纳十七个人过夜。久而久之，大家便真的以为这里是个招待所。

和乌青一样，张羞也曾就读于浙工大。两人大学时就认识，乌青给张羞的第一印象是瘦，衣服空荡荡的。他语速飞快地讲了一堆现当代的作家，"感觉那些人都是他的亲人"。最后，乌青告诉张羞："我前几天写了首诗，《把中国最好的鸡蛋献给自己》。写得太牛了。"

张羞开始混迹于"暗地病孩子"，并被上面的一首诗《长途车》打动，泪流满面，决心当诗人。《长途车》的作者是侯献波，在他之前，张羞的偶像只有法国的兰波。

大学毕业后，张羞上了三个月的班便待不住了。他给在"暗地病孩子"上认识的"子弹"打电话，被其叫到了北京。

"子弹"就是吴又，出生于湖北荆州的一个县城，从小逃学打架混帮派，却对诗歌情有独钟。走出校门后，吴又拒绝了父母给他安排的电力系统的工作，通过在网上发简历应聘到了卓越网，又跳槽到赛特集团，在国贸的写字楼里干起了网络维护的工作，每月有近万元的收入。生性仗义的他对火星招待所里的其他诗人豪爽道："你们别工作了，我算了一下咱们几个人的开销，张羞还有一些他哥给的钱，够了。我养你们。"

于是，招待所里的诗人不事生产，不舍昼夜地探讨诗歌。话题往往从一首诗或一个诗人引申开来，最后指向某个宏大的命题——诗是什么？怎么写诗？诗和语言的关系。

讨论严肃而激烈，有时候两个人聊着聊着，其中一个便指着另一个开骂："你根本不知道什么是诗！"还有人从外地赶来，没多久又夺门而去。

诗人们都去"橡皮论坛"发表作品，每天醒来脑子里想的第一件事就是："今天我要写一首什么样的诗呢？"

然而好景不长。一天早上，房东突然造访，开门的瞬间被吓了一跳：男男女女十几个人横七竖八地躺在地下，都处于宿醉状态，床底下的空酒瓶堆积如山。

作为一名土生土长的北京大妈，她怒不可遏地勒令这帮"狗男女"立即搬家。

时间仓促，诗人们在附近找了间平房，匆匆看了一眼便付了租金。当晚，等他们搬进去打开灯，才端详起这间屋子来：除了一张大通铺，几乎没有家具。从南边的大飘窗望出去是一片荒凉的空地，再远处是铁轨，偶尔有火车经过。

诗人们怀疑这里原本是家烧烤店，因为墙上有零星的血迹。侯献波恶作剧般讲起了鬼故事。夜已深，气氛越发恐怖，灯竟然毫无征兆地熄灭了。所有人都噤若寒蝉，甚至不敢去上厕所。

吴又年纪最小，却非常镇定。

"大家不要这样。"他走到院子里，对漆黑一片的夜空吼道："有鬼吗？出来和我聊聊。"接着，他点燃一支烟，站了一会儿，似乎在等待回应。几分钟后，他回到房间，告诉屋子里的人："没鬼。"

张羞却偷偷地哭了。来北京的这段日子，他三天两头跑人才市场，投出的简历却如泥牛入海。哥哥的资助快花光了，自己还无法立足。他不知道耗在这里，像僵尸一样躺在床上，究竟有什么意义。

两个月后，感到这种集体生活难以为继的诗人们吃了散伙饭，侯献波、吴又和张羞搬到九棵树，合租了一套两居室。

张羞没有工作，每天睡到中午，起床后对着房间里唯一的一台康柏电脑写诗。这台"486"没有联网，没有 Word，能玩的游戏只有扫雷和空当接龙。

在写字板上敲完诗后，张羞会出门散步，吃一盘炒饼，再去网吧把作品发到"橡皮"上。泡到下午三点，张羞便回家看书，等侯献波和吴又下班。

晚上，三个人常去路边摊吃烤串。一块五一瓶的燕京，两块五一包的都宝，外加一把羊肉串和馒头片，便能畅聊好几个钟头。他们把白天写的诗拿出来互相品评，毫不留情。用张羞的话说就是："物质上比较匮乏，无所谓，最低要求就行了，感觉都能扛过去。但是诗不行，一定要往好里写，不然出去没面子。"

2002 年，"橡皮"如日中天，文学期刊的编辑纷至沓来，在此挖掘有潜力的写作者。比如韩东就替《芙蓉》杂志开设了一个《重塑70后》的栏目，专门发表年轻网络诗人的作品。

侯献波、吴又和张羞位于九棵树的出租屋成了"橡皮"的线下据点，五湖四海的诗人怀着宗教般的狂热蜂拥而至，没日没夜地谈诗写诗。吴又的女朋友从小家教甚严，品学兼优，当时正在石家庄的一所军校读研。她到九棵树看望吴又时，被眼前的景象惊呆了："这个年代怎么还有你们这样的人？"

夏天到了，人心思动，侯献波再次辞职，厨艺高超的他担负起买菜做饭的重任。

八月的一天夜里，三里屯南街一个酒吧内的艺术家沙龙上，27岁的新锐导演雎安奇经人介绍认识了身高一米八四、浑身散发着忧郁气质的侯献波。

雎安奇毕业于北京电影学院，24岁就拍出极具实验性与风格化的处女作《北京的风很大》。这部影片曾入围第50届柏林国际电影节，赢得了广泛的赞誉。彼时，好莱坞大导演奥利弗·斯通饶有兴致地问雎安奇："你有没有什么新计划？"

雎安奇从小在乌鲁木齐长大，见过许多内地来的援疆青年。他想拍一部描写支边家庭的电影，一回到北京即发给斯通一个粗略的故事大纲。斯通很快回信："这个故事很有意思。当你写完剧本时，请寄给我一份。"

雎安奇振奋不已，他拉上一个朋友，扛着摄像机跑到新疆的一所兵工厂附近采风，结果被警察盯上，抓到拘留所里分开审讯。公安部门给雎安奇的家人打电话，核实了他的身份。

回家后，雎安奇同父母大吵了一架，不欢而散。他猫在宾馆里打磨剧本，设计了跌宕起伏的剧情，时间跨度长达30年，预算也飙升至 100 万。

可惜，拉投资始终不顺利，谈了几家都不了了之。一次，睢安奇在新疆拍广告，认识了一个货运公司的老板，对方出生于支边家庭，看完剧本后痛哭流涕，当场许诺："我来投！"不料，次年他生意失败，负债累累，电影也拍不成了。

睢安奇万念俱灰，用一个月的时间暴走，从南疆走到北疆。他住在公路边的破旅店里。新的灵感逐渐生发。

睢安奇与合作的人闹翻了，却得到初次见面的侯献波的认同。常言道，无产阶级在这场斗争中失去的仅仅是锁链。侯献波一无所有，也没什么好怕的。而他给睢安奇留下的第一印象是："侯献波就像是为了这个片子而生的。"

但睢安奇心里还是没底。他在呼家楼的居民区租了个简陋的房间，把侯献波封闭起来适应环境。未来的几十天里，侯献波将在那间破屋子里肆意发泄自己的欲望，同时必须承受空前的孤独。

而另一方面，睢安奇则抓紧时间置办行头：自制的摄影机肩托、便携调音台、两件大包、运动鞋、水杯……

一个急于证明自己的导演，一个毫无经验的诗人。当他们从北京西站搭乘前往乌鲁木齐的火车时，谁也无法预料未来的一个多月里会遭遇什么。两人甚至不太肯定，这样一部极端的电影能否成立。

睢安奇随时随地都在捕捉可能有用的素材。即便在旅馆，他也要求侯献波不停地走动和进出，一个简单的关门动作就要重复七八遍。侯献波从未受过任何专业训练，从起初的刺激、好玩，慢慢陷入绝望和崩溃之中。他愤怒道："即使是工作，这一天里也有一些时间是我自己的，你不能完全侵占。更何况我又不是卖给你，而且我连一分钱的报酬都没拿。"

最后，侯献波彻底麻木了，消沉道："从朋友角度来讲，我仁至义尽了。能贡献的力量我都贡献了，我已经筋疲力竭了。"

雎安奇的压力可想而知。一方面，他庆幸当初砍掉摄制组而由自己包揽一切是个明智的选择，因为当他与侯献波搭乘新疆人的汽车时，逼仄的车厢里除了演员和拍摄者，根本容不下多余的人或机器；可另一方面，即兴的创作方式又迫使他全神贯注，每时每刻都保持着高度的紧张，身心俱疲。

侯献波好酒，经常喝得酩酊大醉。雎安奇不得不耐着性子提醒他："有些事你得悠着点，不能冲动，一定要冷静。"

雎安奇所有的设备均有编号，每次出发前都要清点无误后才能放心离开。同时，一节电池的续航时间不过一个多小时，而他只带了一个充电器。因此，当侯献波在夜里熟睡时，雎安奇却要踩着时间点爬起来，换另一节电池充电。

一天，当雎安奇拍沙漠时，机器进了沙子，监视器坏了。送修时，因为当地的修理工处理不当，排线折断，雎安奇只好回乌鲁木齐修机器。

翌日拂晓，天刚放亮，雎安奇到车站等候上车。突然，一辆大客车从他身旁拐了个急弯，擦着他的脊背划过。雎安奇被夹在两车之间，浑身颤抖，几被掀翻。那一刻，他以为自己死定了。

雎安奇把自己逼到了绝境，陷入一个逃无可逃的梦魇。而对这部电影是否成立的怀疑，也像一只脆弱的气球，横亘在导演和演员之间。两人心照不宣，暗自惧怕，却又不敢戳破。他们争吵不休，甚至互相羞辱。

"都多长时间了，你的表演还不开窍？"

"你就是个傻子！你这堆东西拍出来就是垃圾！"

打台球是两个男人休息时唯一的娱乐，也是他们排解怨气的出口。一次，雎安奇连赢三局，微微得意，敏感的侯献波却陷入了深深的沮丧。回到旅馆，他痛哭流涕，抱着酒瓶唱歌。雎安奇后悔了：作为一个导演，怎么能影响演员的情绪呢？

在和田，飘浮的气球终于破裂，争吵一直持续到深夜。两人背起行李，各自离开，一个向北，一个往南，分道扬镳。

侯献波沿着戈壁走了三四个小时，又冷又饿，还听见瘆人的狼嚎。他攥紧口袋里的打火机，心道：若真的遭遇狼群，只能把衣服点燃，尽力驱赶。

嘶吼声越来越强，侯献波试图搭车。然而，谁又敢在这伸手不见五指的荒郊野外搭载一个陌生人呢？他疲惫不堪，恐惧至极，索性引吭高歌，把会唱的歌唱了个遍，直到天亮。

雎安奇也走了一夜，累了便蹲下来抽烟。他悔恨懊恼，并担心起侯献波的安危来。但这一回，即便捏着电话，谁也没有主动再给对方一个台阶下。睢安奇饿慌了，他敲开一扇店门，找一个维吾尔族的老头儿要了碗过油肉拌面，老头儿边做边唠叨："这么早就吃拌面了。"

到达乌鲁木齐后，睢安奇接到了侯献波的电话——没有道歉的意思，只是求助。侯献波说："我没钱回去。即使我们再有矛盾，我的出发点还是帮你做这件事。无论怎样，车费给我。"

于是两人又见了一面，余怒未消的睢安奇把钱塞进一个信封，恶狠狠地扔给了侯献波。

为了省钱，睢安奇在朋友的介绍下背着几十盒素材带乘军用飞机回到北京。

他打印了厚厚的剪辑表，尝试着剪片子。然而，公路和性爱像挥之不去的梦魇，折磨得他精神崩溃。一天夜里，睢安奇忽然在睡梦中坐了起来。他环顾四周，发现自己竟然还在新疆的旅店里。直到女朋友把他叫醒，方才回过神来。

有一次，睢安奇去大连拍广告，晚上回到酒店，突然对房间产生了一种莫名的恐惧。他越想越害怕，一刻也待不下去，差点跳楼自杀。第二天一早，便匆匆返京。

此后将近一年的时间里，他无法面对有关新疆的一切。而那几十盘磁带，也被他尘封到一个箱子里，再也没有打开过。

为了疗伤，睢安奇决定拍一部新片，主题很温暖——被子。他跑遍全国各地，到处拍被子，火车上的、蒙古包里的、延安窑洞中的。在体验了各种各样的被子后，总算不再做噩梦。

侯献波没有回北京，而是在石家庄下了车，去看吴又。

对北京的诗人圈心生厌烦的吴又跑到石家庄找了间月租 200 元的房子住下，一边陪伴女朋友一边专心写诗。没过多久，刚到法定年龄的他便决定结婚，结果遭到父亲的反对。吴父认为，吴又的女朋友还在读研究生，吴又对自己的未来没有规划，只会害了别人。

然而吴又很坚定，并同父亲陷入冷战。一次回老家，母亲留他吃饭，饭桌上的气氛异常沉闷。吴又埋头吃完，在桌上放了叠钱，意为餐费，一言不发地离开了。

决绝的举动伤害了吴父的感情。从此，他郁郁寡欢，父子俩很长时间都没有再见过面。直到有一天，吴又收到父亲的来信，说自己并不反对他写诗，但更希望他过正常人的生活。

吴父托人交给儿子几千块钱，可这并没有软化吴又的态度。他既不回应，也不改变既定的路线，却渐渐发现要想靠写作谋生，只能写剧本或流行小说，可他又不想迎合市场。

与此同时，侯献波回到北京。当被问及"你不是去新疆拍了一部片吗"，他总是回答说："拍砸了，没有这部电影。"再往后，他不提也没有人问，新疆的经历随风而去。

没有了吴又的经济支持，九棵树的房子到期后侯献波与张羞无力续租，只好搬到光熙门北里的一间地下室去住，月租 650 元。两人都没有工作，靠朋友接济生活。

2003 年的除夕，侯献波与张羞没有回家，在小区的餐厅吃年夜饭。酒过三巡，张羞突然道："我要走了，我要去武汉。"侯献波知道他在"橡皮论坛"上跟一个武汉的大学生谈恋爱，便没说什么，一脸无所谓的样子，道："走吧，赶紧的。"

张羞走出餐厅，在公交站等车。望着漫天飞舞的雪花，他心想："这次离开，可能不会再回来了。"

张羞离开后，侯献波一头扎入诗歌圈，进入短暂的创作黄金期。他的诗在意形式，抽离情感，刻意消除修辞和态度，可谓极度任性。

在经历最初的亢奋期后，侯献波陷入了虚无。由于他的生活是重复的，无非从一个酒局到另一个酒局，故而很难在创作上有新的见地。因此，他的诗只能在一个小圈子内流传，没有出版社愿意替他出诗集。

另一方面，他的生活已难以为继，不得不去一个卖红茶的外资公司上班，过起了今朝有酒今朝醉的日子。

同样遭遇瓶颈的是吴又。正好他的女朋友从军校毕业，被分配到北京；正好杨黎与因策划《中国可以说不》而驰名的出版人张小波合作，担任"共和联动"的总编辑。于是，吴又返京，到雄心万丈、准备在出版界大展拳脚的杨黎手下做起了图书编辑。

一天，他接到张羞从杭州打来的电话。

张羞的女朋友大学毕业后随张羞到杭州发展，两人各自找了工作，过起同居生活。张羞在一家网站做美工，每日百无聊赖，倍感孤寂。侯献波去杭州找过他一次，两人游西湖时，张羞指着远方用吟诗的口吻介绍道："那个地方叫古荡，那个地方上面叫古荡的天空。"

于是侯献波明白，张羞的心还是没有离开北京。

2004年像一个节点，一些事开始转掷，一些人开始豹变。

吴又把张羞劝回北京后，接到杨黎扔给他的两本书稿。一本是北岛的《失败之书》，一本是杨黎自己的小说，写一个少年从1975年到1976年的成长经历，后因题材敏感而改为地下出版。

杨黎收到吴又给这本书撰写的文案时拍案叫绝："吴又，你太适合做出版了！"

原来，吴又只写了一句话——一个少年的情色幻想，一个民族的多事之秋。

很快，吴又便发现自己在出版方面确有天赋，无论面对的作者多么大牌，25岁的他都面如止水，波澜不惊，像个久经历练的行家。

除了做编辑，他还悉心观察一本书从选题策划到印刷发行再到宣传营销的全部流程，很快便成为图书运作的老手。

张羞回京后，与侯献波在奥体东门合租了一套房子。同住的还有三个诗人，他们有时散步，有时打麻将，说着漫无边际的话，过着老年人的日子。

随着一批诗人出走或改行，剩下的人除了互相吹捧就是争夺话语权，日渐式微的橡皮网寿终正寝。侯献波清楚地记得，那天晚上聚餐时，谈起"橡皮"的衰落，自己随口说了句"我反正不上'橡皮'了"，于是杨黎道："那就关了吧。"

当晚，上天用一场血光之灾给这个如流星般璀璨而短暂的网站画了个轰轰烈烈的句号。

吃完饭，一帮人回家打牌，侯献波、吴又等人陪一个叫苏非舒的诗人到楼下换零钱。苏非舒喜欢搞行为艺术，争议最大的一次是后来在北京第三极书局举办的诗歌朗诵会上全裸上台，被派出所拘留十天。

苏非舒走进一家小卖部，掏出 100 元买烟。老板盯着钞票，道："你这钱是不是假的？"苏非舒不乐意了："假的？那你拿一真的我看看，比较比较。"

两人争执不休，苏非舒喝了些酒，仗着自己这边人多，非要老板找台验钞机，验验自己的钱是真是假。他不知道老板是道上混的，在吴又的劝解下骂骂咧咧往外走时，店里突然冲出来两个男的。

侯献波走得快，转身时发现双方即将动手。他赶紧在地下捡了块砖，准备加入战斗，谁知对方拔腿就跑。侯献波追了上去，却听见苏非舒呻吟道："别追了。"

侯献波："怎么了？要不要紧？"

苏非舒："要紧。"

侯献波低头一看，只见苏非舒的肚脐已被划开，肠子流了出来。众人这才意识到，遇见真流氓了，下的是死手。

去医院的路上，苏非舒命悬一线，以为必死，回顾起自己的一生来："我这辈子一直唯唯诺诺，太不甘心，不想死。"侯献波灵机一动道："你知道世界上有多少漂亮的女人吗？"他开始拼命地讲女人，讲自己的性幻想，以转移苏非舒的注意力。

到了医院，要登记才能做手术。"苏非舒"是笔名，而他的真名谁也不知道。侯献波急道："苏非舒，你叫什么名字？"苏非舒不理他。侯献波咆哮道："必须要有名字，否则动不了手术！"

过了好一会儿，苏非舒才气若游丝地吐出三个字："杨兴国。"

侯献波松了口气："你没事了，你肯定活了。"

此后，诗人们陆续从奥体东门搬走。有的是因为谈了女朋友，有的是因为开始正常上班，其实真实原因是觉得这里很晦气。

一个年代结束了，吴又的时代才开始。

他的人生就像开了挂，27岁同业内知名的品牌战略高手华楠合作，创建读客图书有限公司，而后相继做了两本书：《流血的仕途》和《藏地密码》。前者以李斯为主人公，上市三个月销量超过40万，是当年最火的历史小说；后者是一个重庆的医生写的，他根本没去过西藏，稿子在一个毫无人气的论坛上更新了5万字便烂尾了，结果硬是让吴又发掘出来，改了个书名，靠疯狂的营销包装成一套上架半年便销量过百万的现象级图书。

2009 年，读客的码洋过亿，吴又被评为"年度出版人"——他获得了世俗意义上的成功。

张羞也被拉到读客当美编，《藏地密码》《侯卫东官场笔记》和《黑道风云二十年》等书的封面都是他设计的。2011 年，读客扩张，总部迁至上海，由于张羞已借钱在北京买房，不愿离开，故从读客辞职。

侯献波依然故我。因为喝酒，他两次被逮进局子。

第一次是一个女孩喝醉了，坐在马路牙子上呕吐，没有出租车肯载她。侯献波帮她拦车，所有的车都从他身边呼啸而过。于是侯献波走到马路中央，愤怒道："出租车不停，什么车也别想走！"须臾，警车开来，侯献波竟一脚将其车门踢出一个大坑……

还有一次是从杨黎家出来，侯献波喝醉了，被女友搀扶着。他满腹牢骚道："这个世界特别讨厌，你看，所有人都特别在乎他的车，好像车是他的命根子一样。我今天要踹一下这个世界的命根子。"言毕，踢了一脚路边的车，以为半夜三更没人注意。谁知就像中了埋伏一般，小区的保安和物业倾巢而出，把二人团团围住。侯献波只好向杨黎求助："杨黎，我踢车是为了演示一下人们多么爱车。我演示成功了，证明了人们爱车不爱人。你救救我吧，只有你爱人不爱车。"杨黎揣着 2000 块钱下楼，替他解了围。

2007 年，侯献波的父亲罹患喉癌，这给已经厌倦了北漂生活的侯献波提供了离开的理由。他跟圈子里的朋友吃了顿饭，伤感道："我要走了。我这次走，可能不回北京了。"

回到上海，侯献波得知父亲的癌症已到晚期。他经历了两次手术和长期化疗，变得喜怒无常。为了麻痹肉体和精神上的痛苦，终日酗酒。

侯父一直为儿子的未来感到担忧，经常劝告他说："写诗作为业余爱好可以，但不要把它当作主业，否则你的生活会很动荡，周围的人也会受你牵累。"

以往，侯献波总是叛逆地反驳道："那我不结婚不就完了？"然而这一次，他选择低头，一边照顾父亲，一边默默地到广告公司上班。

脱离了北京的圈子，侯献波想找个一块喝酒的人都不可得。在他看来，上海"安静得像个太平间"。

他已经35岁了，却一事无成，年轻时对未来的期待全部落空。

他成了一个标准的癌症患者家属——去灵隐寺祈愿，阅读宗教书籍。虽然这并没能挽救父亲的生命，但侯献波从此成了一个佛教徒，每日诵经，戒酒戒荤，学会了宽容，与世界和解。

为了给父亲一个交代，侯献波选择结婚。妻子家境富裕，热爱艺术，但对物质也有较高的要求，尤其当她怀孕后，更是希望丈夫能在职场上有所建树，增加收入。

然而，侯献波压根就不喜欢广告公司的工作，认为做广告就是撒谎吹牛。他不爱说假话，因此十分苦闷，直到遇见一个阔别多年的故人。

2012 年，睢安奇带着他新创作的剧本到上海参加电影节，从一个诗人口中得知了侯献波的近况，对其过起了稳定的世俗生活感到非常惊讶，于是打电话约他见面。

当晚，侯献波西装笔挺，拎着个公文包，看上去和普通的上海白领别无二致。睢安奇愣在原地，直到侯献波拍拍自行车的后座对他说："走，我带你去一个好吃的大排档。"

侯献波载着睢安奇在狭窄的弄堂间行驶，歪歪扭扭。睢安奇想起北野武的电影《坏孩子的天空》中一个类似的场景，时间仿佛回到 2002 年的那个清晨，两个年轻人怀着无限憧憬从北京西客站搭乘前往乌鲁木齐的火车。

当晚，两人不再争吵，而是互相点赞，侯献波送给他一本张羞帮自己出版的诗集《和一个混蛋去埃及》。

回京后，睢安奇一口气读完了诗集，眼眶湿润地给侯献波发短信："写得真好，太感动了，我们的缘分毕竟不是没有缘由的。"

睢安奇终于可以坦然地面对十年前的那场旅程。他打开落满尘灰的磁带，发现许多带子的磁粉已经脱落，一些赤裸的画面模糊不清了。他一边感慨"时间给这些肉体打上了马赛克"，一边开始剪片子，并在电影里以字幕的方式插入侯献波的十六首诗。

侯献波在女儿出生一年后把工作辞了，理由是："我不想我的女儿看到她父亲在做他厌恶的事情。"

夫妻俩本就因为孩子的教育问题分歧很大，势同水火，侯献波又待业在家天天酗酒，两人的矛盾已无法调和。

一天夜里，独自在家的侯献波情绪低落。他翻箱倒柜，把能找到的酒全喝光了，最后看见柜子上有一瓶调鸡尾酒用的金酒，于是撬开酒瓶，喝了一大半，终于烂醉如泥，动弹不得。

金酒奇烈无比，很少有人会直接单喝。侯献波第二天醒来，胃里火烧火燎，难受至极。

他喝了点冰可乐，旋即大口大口地吐血，瘫倒在马桶边。

妻子冷眼旁观道："你怎么了？"

侯献波："吐血了。"

"要去医院吗？"

"恐怕得去。中午吐了，现在又吐，站也站不起来。"

"我要喂奶，你自己去，我一会儿就过来。"

夜里，妻子盯着病床上的侯献波，忽道："你要不去买个保险吧，不然你哪天死了我们娘俩怎么办？"

两年后，侯献波结束了这段支离破碎的婚姻，净身出户。在一个朋友的介绍下，他去嘉定的上海工艺美院学起了版画。由于属于非物质文化遗产保护项目，不用交学费每月还有 1000 元的补助。

工艺设计一直就是侯献波的兴趣爱好。开学后他给自己制定了作息表，工作之余要练习书法，诵读《大悲咒》和《地藏经》。并且，他严格禁欲，杜绝手淫，甚至连性幻想都不能有，已达到理学家的标准。

睢安奇的片子剪完了，历时一年多，取名《诗人出差了》。他请求侯献波给片子重新配音，调整了当初的语态。

2015 年 1 月，《诗人出差了》应邀参加鹿特丹电影节，荣获"最佳亚洲电影"大奖。出发去荷兰前，侯献波到北京与睢安奇会合，第一次看到了这部影片，恍如隔世。

片子的结尾是一首叫《宝石》的诗，只有一句话："我得到宝石，我看到宝石上的光。"

侯献波感慨万千道："如果这个片子当时就剪出来，可能不会好。那个时候我们对待人生都太过尖锐，有一口恶气要出，那个东西一定是不和的。现在我看到的这部电影没有锋芒，只有真诚，这个力量更大更重要。"

物是人非，情随事迁，一切都如蒋捷的词中所写："少年听雨歌楼上，红烛昏罗帐。壮年听雨客舟中，江阔云低断雁叫西风。而今听雨僧庐下，鬓已星星也。悲欢离合总无情，一任阶前点滴到天明。"

张羞印象中的侯献波还是那个"个头很高，人很无赖，头发遮住眉毛的放荡青年"，而现实里的他白发已像杂草一样钻了出来，额头上的皱纹清晰可辨。

吴又早就不跟诗人们玩了。他先是把读客的股份全部卖给华楠，北上与张小波合作成立北京凤凰联动文化传媒有限公司，主攻影视。张小波诗人出身，性格鲜明，独断专行，吴又很快便与他不欢而散，自己单干，创办了影视版权的交易平台"云莱坞"。

他越来越有钱，住在顺义的大别墅里，孩子就读国际学校。他不再写诗，不再同诗人们交流如何写诗，更不会同诗人一起做事了。

鹿特丹的电影节上，放映厅座无虚席。影片结束时，每个观众都冲侯献波点头微笑，这让他的思绪飘回到了新疆……

一天，侯献波和雎安奇来到一个叫库米什的小镇。他一个人到外面溜达，走在戈壁上，放眼望去，到处都是沙漠、岩石和枯木，跟月球表面没什么两样，好似世界尽头。可他与雎安奇的行程明明还在继续，还没到尽头。于是他得出一个结论：或许哪里都是世界的尽头。

既然任何一个地方都可能是世界尽头，那尽头又有什么了不起的呢？人在陷入绝境的时候，以为来到了人生的尽头，可往前再走两步，发现并不是，还有另一个尽头。

感悟到这一点，在面对命运残暴，造化逞凶时，侯献波不再恐惧，而是平添了一分淡定与从容……

张羞同往事进行了一场漫长的告别，去了美国。

他的哥哥在费城的一所大学教书，已是美国公民。张羞的妻子为了女儿接受更好的教育，鼓动他申请了移民。

很多年后，当张羞坐在沙滩躺椅上，一手端着螺丝锥子，一手拿着大卫杜夫的雪茄，看落日余晖慵懒地照耀着大西洋，是否会想起 22 岁那年第一次见到真正的诗人时的情景？

那是成都玉林，芳华横街 5 号，橡皮酒吧。

杨黎身穿白西装，绅士般端着酒杯踱来踱去；侯献波醉醺醺的，又在跟人抬杠；乌青热情自负，认定自己是卡夫卡式的天才，却经常陷入突如其来的沉默……

俱往矣，而今的芳华横街 5 号早已变成一间麻将馆。西去不远是玉林中学，旁边的"印象大书房"关闭许多年了，现在是一家银行。校门口的地铁站，竣工之日似乎遥遥无期。

往北步行十分钟是玉林西路，由作家翟永明创办的文化地标"白夜酒吧"已搬去了繁华的商圈，只剩东边因一曲《成都》而走红的"小酒吧"每日被前来"朝圣"的红男绿女围得水泄不通……

（本文部分内容参考《火星招待所》）

幸福在哪里？——《大象席地而坐》观后感

地球上每天都在死人，有人死于车祸，有人死于癌症。无论一个人拥有多大的权势、名望和财富，在死神降临的那一刻，多少还是输给了天命。也许，只有当一个人能决定什么时候去死以及为了什么而死时，才敢说自己战胜了命运。

海明威如此，川端康成如此，胡迁亦如此。

胡迁自缢的消息传出时，我正在成都的家里读他的小说集《大裂》。生活看上去一片美好，但以胡迁的腔调，必定得加一句："谁知道？"

这是一本"丧"气十足的书，但阅读它的每一秒都会让你感叹自己活得太迟钝了。

作为《大象席地而坐》的监制与投资人，王小帅拉人找钱，帮胡迁搭建了整个剧组。当然，剧本是胡迁原创的，他执导完全片后拒绝按王小帅的意思将 230 分钟的版本删减为 120 分钟，导致合作破裂。

一部接近四个小时的电影，院线是不可能接受的，然而胡迁坚持自己的艺术表达，柏林电影节与台湾金马奖也用迟来的荣誉为他的抉择加冕。

两人实在太像了，都固执己见，不擅沟通，但王小帅在某种程度上是欣赏胡迁的，否则作为知名导演又怎会用心写序，推荐他的新书？又怎么舍得砸钱，让他去拍文艺片？

造化莫测，世人身处无常中，却从来不解无常。就好比《大象席地而坐》里，每个人都被他身边的人肆意伤害，也在不经意地伤害他人。父母歇斯底里，老师不负责任，子女麻木冷漠。这很存在主义，胡迁敏锐地捕捉到了某种真相。

叔本华把悲剧分为三种类型。第一种里总有几个恶棍，机关算尽，坏事做绝，害得主人公家破人亡，比如《杨家将》中的潘仁美和网络小说中的大反派；第二种里，无常的命运缔造了主人公的悲剧，比如《俄狄浦斯王》和《罗密欧与朱丽叶》。

而在第三种故事里，既没有恶贯满盈的坏人，也没有从天而降的意外，作者只不过将一些道德上普普通通的角色安排在日常的情境之中，就由他们因地位、立场和价值观的不同而产生的矛盾制造了一环扣一环的悲剧，比如《红楼梦》。

"金玉良缘"胜过了"木石前盟"，又岂是大奸大恶之徒或不期而至之变从中作梗所致？每个人都只是在做符合他利益的事，结果酿成了一出大悲剧。

这更接近世界的本质，也最为叔本华所称道，因为在这类故事里，不幸并非源自偶发事件或某个无恶不作的人，而是一种轻易便能从人的性格与行为当中产生的必然现象。于是，主人公连喊冤的机会都没有，因为他怪不了任何人。

理解了这一点，就不会苛责胡迁的作品缺少正能量，毕竟道德审判和审美体验是两套不同的系统。审美并不一定要承担道德责任，它既可以展现不完美，也可以揭示假丑恶。

算上配角，《大象席地而坐》塑造了男、女、老、幼各个年纪的人物，有着《一一》般的野心，但胡迁显然要比杨德昌绝望得多。从被望女成凤的双亲压抑的小女孩，到孤零零死在破房子里的韦布（主人公）的奶奶，没有一个人过得顺心，活着只是为了受苦，苦难没有尽头，至死方休。

四个主角打算摆脱死水一样的生活，去满洲里的动物园看一头瘫坐在地上的大象。据说，它被人用叉子给叉了，放弃反抗，不再挣扎，空洞地望着周遭的一切，无能为力。

这又有什么好看的呢？不过是给自己找个虚幻的彼岸、逃亡的借口罢了。

现实中的胡迁亦如是。他想逃离从小长大的城市，却高考失利，沦落到专科院校；他想逃离糟烂的环境，复读两年，终于考上北京电影学院，却发现还是格格不入，只有徐浩峰算个同道；他的小说摘得文学大奖，短片受到匈牙利电影大师贝拉·塔尔的赏识，却依旧无法自由表达，乃至走投无路——生活一次次地给人希望，却又把人抛入更大的悲剧。

每个人的一生都要经历数不清的"至暗时刻"，大部分人选择苦熬待变或另辟蹊径，抱着"三穷三富活到老"的信念守得云开。然而透彻如胡迁，只是冷静地指出：不要以为换个爱人、换份工作或去往远方就能得到救赎，生活是一场接一场的麻烦与糟糕。就像电影里的老人劝阻韦布去满洲里时所说的那样："你能去任何地方。但到了就会发现，没什么不同，只是在新的地方继续痛苦。"

世界是一片荒原，每个人都被困在某处角落，张望空中花园。就如我在北京认识的年轻导演，有高开低走，拍了两部一线明星主演的电影后便销声匿迹的，也有理想破灭，委身于影视公司夜夜笙歌的。

艺术需要献祭，但政治和市场对这届艺术家有些过于残酷。艺术也并非更好的存在，而只是一种另类的存在，让虚无的人生有了些许自以为是的丰富。

环顾宇内，艺术是唯一自由的职业。在资本主义的大工业生产中，每个生产者都是流水线上的链条，不需要思想和情感，只需要服从与重复。那些被甩出流水线的人会失去基本的生存条件，被孤独和恐惧环绕。

然而，追求自由是人牢不可破的天性。胡迁以命相搏，化为齑粉，终于将自己对生命的思索和对人性的悲悯呈现给世人，他做出了自己的选择。

《大象席地而坐》的结尾，长途公交在半路上抛锚。去往满洲里的人们在路灯下踢毽子，一声象鸣蓦地传来，影片戛然而止。

西宁青年影展上，胡迁拍摄了一支短片，里面有个 14 岁的小姑娘，喜欢写作，可惜手指先天残疾。她把自己的文章发给胡迁，胡迁看后对朋友说："这个年龄能写成这样，已经很棒了。"言毕，把原本准备寄给母亲的笔记本电脑送给了她。

三个月后，胡迁自尽，拒绝迈入而立之年和 2018，只留下一部继承《人间失格》与《被嫌弃的松子的一生》的精神气质的长片，预言了即将到来的经济萧条、百业凋零和文脉断裂。

日暮酒醒人已远，满天风雨下西楼。

有相证法尚为迷，人法双亡才是悟

当青年导演胡迁在北京的出租屋上吊自杀时，并不知道自己的遗作《大象席地而坐》四个月后会在柏林电影节上得奖。

他是我大学室友的好兄弟，他拒绝迈入自己的 30 岁。

胡迁出版过两本小说，在台湾拿过奖。生活困顿固然是他厌世的原因之一，但将他逼上绝路的还是倾注了他全部心血的《大象席地而坐》。这部电影长达三个多小时，胡迁坚持自己的艺术表达，拒绝按制片方的要求将其剪辑到两个小时，最后被剥夺了导演署名权。

在生命的终点，他兴许后悔过自己的选择，后悔当初为何执迷不悟地要考电影学院，给自己戴上一副"纸枷锁"。他盯着导演徐浩峰博客上的那句"一念之愚，千里之哀"看了半天，叹息道："人年轻时挺好，什么都不信。等岁数大了，信什么都没用。"

感叹"生命痛苦又无意义"的胡迁结束了自己的生命。三个月后，昔日的创业明星茅侃侃因生意失败在家开煤气自杀。

两人同为"八〇后"，一个没能等到身后的殊荣，一个从巅峰滑落。命运无常，造化弄人，人世间的痛苦像西西弗斯的神话，日复一日，连绵不绝，而现代人的崩溃都是不动声色的，以至于一个脱口秀演员说："开心点朋友，人间不值得。"

因上努力，果上随缘，没有一点佛系的生活态度，似乎挺不过这漫漫人生路。

500年前，当王阳明提出他的心学后，"近禅"的非议便不绝于耳。虽然王阳明一直否认自己的学说同禅宗有任何关系，但事实是他一生当中造访的寺院不计其数，留下的诗赋涉及佛学的超过80首，《传习录》里也有40多处引用佛教术语或典故。

王阳明晚年用"天泉证道四句教"总结自己的学术，首句"无善无恶心之体"即与佛家的"不立正邪，本性清静"类似。这是让人消除分别心，不要觉得有人无缘无故欺负你就是坏人，有人平白无故关心你就是好人。只有消除了分别心才能无所谓善恶，无所谓正邪，无所谓你我，达到本性的清静状态。

龙场悟道时，王阳明已经37岁，遍尝人世艰辛，遍睹人心险恶。残酷的命运把他逼上了绝路，只欠一死。于是，他给自己打了一副石棺，躺进去等死。

佛家认为人生就是受苦，即便有短暂的快乐，也只是为了让你在快乐消弭时承受更大的痛苦，所以人生不值得留恋，不值得活。

既如此，自杀不就一了百了了？可佛陀会说，自杀毫无意义，因为生命的本质是六道轮回，当你以"人"的身份自杀后，下一世还会转生为猪、马、牛，换一种形式继续活着，永远无法真正死掉。

　　每个人都在此岸的苦海里日复一日地忍受折磨，不知伊于胡底。唯一的救赎是放下执念，通过学佛脱离轮回，抵达彼岸世界的光明乐土。

　　为什么放下执念就可以跳出轮回呢？因为我们迷恋的很多事物比如豪车和美女都是"不常在"的，都是许多东西通过各种机缘暂时聚合又迅速消散的产物，就像天上的"云"，只是人们为了方便起见而给一团水蒸气取的名字，一旦风力或温度发生变化，云也就飘散或变成雨了。

　　云聚便是所谓的"缘起"，云散则是所谓的"性空"，即云从来没有一个稳定、实在和能够自主的形态。好比"家庭"这个概念，仅仅由于一些因缘，你和配偶聚合在一起，便成了家。家庭的人口时增时减，当你经历了失独和丧偶，孑然一身时，试问"家庭"还存在吗？如果存在，那你未婚时不也是一个人吗？

　　可见，"家庭"和"云"一样，是一种虚妄的东西，忽生忽灭，忽聚忽散，没有自性，"缘起性空"罢了。

　　"缘起性空"是佛陀历经千辛万苦悟出来的那个"道"，也是佛教各种理论、戒律和修行方法的基础。用"缘起性空"的眼光重新看待诸事万物，会发现世界的模样立刻改变了。山在你眼里不再是山，而是岩石、土壤和植物的聚合体，且无时无刻不在变化：死了几棵树，碎了几块石头——人们不过是出于沟通和理解的便利，才把那一团变动不居七拼八凑的混合物称为"山"。

同理，据《四十二章经》记载，天神为了试探佛陀的修为，送给他一个美女。佛陀瞥了一眼，说："革囊众秽，尔来何为？"

佛陀眼中的美女并不是一个完整的人，而是拆散来看，看到一张人皮里裹着的心、肝、脾、肺、大肠、小肠、盲肠和膀胱等一堆杂碎。并且，由于新陈代谢的缘故，每时每刻她都是一个全新的人。

缘起性空揭示了一个真相，即各种名词虽是我们理解这个世界的方便法门，但它们也扭曲了我们对世界的认识，比如"女权主义"这个词在中美两国不同的文化语境里就有大相径庭的解释。

人是擅长脑补的动物，看见三条线段搭在一起便会联想到三角形，即使它们连接得并不严丝合缝。这是进化为大脑塑造出来的认知能力，虽不准确，但贵在高效和节能，利于严酷的生存竞争。而学佛就是要反其道而行之，认识到"凡所有相，皆是虚妄"。

"相"者，人的观念、意识和事物的形态、表象是也，《金刚经》的核心宗旨就是"破相"。把所有的"相"都破除了，心里就没有妄见和执念了（见诸相非相，即见如来）。

"破相"的路径有两条，一是从空间上破，意识到天地万物与所有概念都是一个"集合体"，而不是独立自存的实体；二是从时间上破，明白那些"集合体"都是瞬息万变的，没有确定性和一贯性，即"一切有为法，如梦幻泡影，如露亦如电"。

"有为法"就是你耳闻目睹的一切现象，它是"缘起法"的另一种说法。而所谓"缘起"，归根结底就是因果律。佛陀看到，万事万物都在因果律的束缚之中，既没有无因之果，也没有无果之因。今天发生的事一定是前因造成的，今天做的事也一定会成为以后某件事的原因。

"因"就是"业"，"果"就是"报"，"因果"就是"业报"，因果律的束缚就是"业力"。

当人说了一句话，做了一件事，甚至仅仅动了一个念头，都是种下了一个因，将来必定导致某个果。种因即"造业"，未来一定会有相应的报。做事造的业叫"身业"，说话造的业叫"口业"，想法造的业叫"意业"。

善念、善行造的业叫"善业"，恶念、恶行造的业叫"恶业"，不善不恶的业叫"无记业"。善业得善报，恶业得恶报，无记业不得果报。

业力就像一组精密的齿轮，把诸事诸物的前世今生都牢牢扣死了，正所谓"万般带不走，唯有业随身"。

要想从六道轮回中解脱出来，就必须让齿轮的转动停止下来。既然有因才有果，那么无因便无果。人一辈子不说话、不做事、不动心起念是不可能的，但"无记业"不产生果报，如果能既不行善，也不作恶，因果律也就束缚不住自己了。

这就是为什么修佛的人要出家，远离世俗生活和亲情羁绊。因为人际关系会牵动很多情感与恩怨，造下许多业。

早期佛教徒对世事采取不闻不问的态度，什么大慈大悲、济困扶危，不存在的。因为在因果齿轮的啮合中，受苦的人都是该受苦的，自己的业报自己承受。换言之："若问前世因，今生受者是。若问后世果，今生做者是。"

把啼饥号寒看作遭罪，把钟鸣鼎食当成享福，这是凡夫俗子的眼光。站在佛的立场，二者同样是受苦。帮冻馁交加的人吃饱穿暖，等于把他们从一个火坑推进另一个火坑，毫无意义。真正救人于水火的办法是教他们佛法，使其通过修炼挣脱轮回的宿命。

但在王阳明看来，佛家表面上坚持虚无，追求的却是离苦得乐，说到底还是私欲。用他的话说就是：

> 佛氏不着相，其实着了相。吾儒着相，其实不着相。

> 佛怕父子累，却逃了父子；怕君臣累，却逃了君臣；怕夫妇累，却逃了夫妇。都是为了个君臣、父子、夫妇着了相，便须逃避。如吾儒有个父子，还他以仁；有个君臣，还他以义；有个夫妇，还他以别。何曾着父子、君臣、夫妇的相？

如果说佛家是把人还给自己，道家是把人还给自然，儒家是把人还给社会，那么王阳明就是先把人还给自己，再把人还给社会。

　　他也讲"涵养心性"，只是跟佛学相比，追求的是心物合一，不离却人伦和事物。而佛家还要破"我相"，把自我意识都消解了，彻底遁入虚空，这是呼吁"莫向蒲团坐死灰"的王阳明所不认同的。

　　阳明心学主张去私欲的功夫，为的是"时时勤拂拭，擦亮明镜台"，即让人人皆有、感应神速的良知重新发挥作用，以便照物，妍媸自别，作出准确的价值判断。

　　所谓私欲，就是人的正常"七情"（喜、怒、忧、思、悲、恐、惊）的过或不及。比如，爱是一种自快于心的情感，可《天龙八部》里康敏对乔峰的爱，游坦之对阿紫的爱，秦红棉、阮星竹和甘宝宝对段正淳的爱，都超过了合理的范畴，蜕变为私欲。再比如，王阳明曾在虎跑寺遇见一个离家十余载，闭关三年，竟日枯坐，不视一物的和尚。同他打禅机时王阳明得知和尚家里还有一个老母亲，未知存亡。于是问："想念她吗？"和尚沉思良久，叹了口气说："无法不想。"王阳明直言不讳道："父母天性，岂能断灭？你不能不起念，便是真情流露。虽终日呆坐，徒乱心曲。"和尚闻言，泪流满面，当天就回家去了。可见，有些修道之人为了成佛成仙压抑乃至断绝亲情，殊不知用力过猛，欲念太深，到头来适得其反，一无所获。

　　王阳明肯定"情"，否定"欲"，追求的是"中和"的境界。《中庸》有言："喜怒哀乐之未发，谓之中；发而皆中节，谓之和。"人的情感尚未发动时，内心保持一种寂然不动、不偏不倚的状态，叫作"中"；情感表现出来时能把握好度，没有过或不及，在适当的分寸里，符合自然常理与社会规范，就叫"和"。

《中庸》认为，当人们普遍能达到"中和"的境界时，天地便能各安其位而运行不息，万物便能各得其所而生长发育。

具体到每个人，路径就是"反身而诚"。"诚"固然有不欺人的意思，但更重要的含义是不自欺，它强调的是人与自我的关系。

你可以不面对他人，但不得不面对自己。不管你走到地球的任何角落，拥有多少同类，你的内心世界只有你自己在感受，与你相依相伴的也只有你自己。所以，你要为自己负起责任，来不得半点虚假。事实上，这个世上只有一种活法，那就是诚实地活着。

圣人就是诚实地活着并解决了诸多问题的人。但让他们去经历别人所经历的，则未必能化险为夷。比如把王阳明放到孙传庭的位置上，多半也无法挽狂澜于既倒，拯救大明。

由此观之，圣人同每个人一样，都只能在自己的人生中处理自己的难题。换句话说，圣人没有什么了不起，人人皆可成圣，只要你开始反躬自省，立志立诚。

王阳明的一个弟子患了眼病，整天凄凄惨惨，忧闷不堪。王阳明对他说："你这是珍惜你的眼睛，却轻贱了你的心。"

很多人跟这个"贵目贱心"的学生一样，一辈子奔忙都是为了肉体焦虑，极少照看自己的内心，无视心灵的残缺和病变。

王阳明说："常快活便是功夫。"阳明心学的一个重要目标就是养成快乐的习惯，甚至让自己成为快乐的源泉。这是一种由内而外、本自具足的快乐，源于心灵的成长和人格的完善，唤作"真乐"。

"真乐"是反求诸己的。生活中的许多麻烦，都是由于人心迷失却又盲目向外追求快乐所导致的。正如古希腊哲学家伊壁鸠鲁所言："没有一种快乐本身是坏的。但有些可以产生快乐的事物，却带来了比快乐大得多的烦恼。"心理学的解释是：让人不快乐的原因主要有两样。一是本来与我们个人无关的事，却要让自己对号入座；二是对那些不能掌控的事，人潜意识里总是想掌控。

没有人不向往更好的生活，但"更好生活"的定义权已被商家垄断。本来成功都要摸爬滚打许多年，梦想都要经过千锤百炼，幸福都要从一点一滴的生活中感悟，而在消费社会里，只需要"买买买"就可以了。在"中产""轻奢"等各种标签的裹挟中，生命丧失了意义，依赖欲望和幻觉运转。于是一事当前，很多人脑子没动心先动，被自己的情绪和好恶控制，在利害计较与患得患失中蹉跎了一生，还疲惫不堪，伤痕累累。

"人是什么"比"人有什么"更重要，也比"他人的评价"重要得多。用王阳明的话说就是做人首重成色（内在的人格），再论斤两（外在的事功）。而摆脱苟且生活的重要标志即在于一个人凡事是"循理"还是"从欲"，"循理则虽酬酢万变而未尝动，从欲则虽槁心一念而未尝静"。

理即良知，从之则"心能转境"，否则"心随境转"，一生懵懂。

由此可见，"心"与"境"不能割裂，王阳明只是重新界定了"内心"与"外物"的关系，即"意之所在便为物"（思维的对象就是物）。

人总是通过自身的认知系统把万物审美化、符号化。我们感受到的不是现实本身，而是经过阐释、意义化的现实，比如杜甫的"感时花溅泪，恨别鸟惊心"——人因为心中感伤，看见花瓣上沾着露珠，就觉得花在流泪；亲人分别，满心离愁，看见飞鸟掠过，便觉得它跟人一样惊惶。

王阳明的世界观是"万物一体"，认为宇宙是个巨大的生命体，我们和草木鱼虫都是它身上的细胞，彼此相通。正因如此，五谷可以成为人的食物，药石可以医治人的疾病。

而既然天生万物以养人，那么人的一切也应该在现实中圆满地解决，生不带来，死不带去。

是的，诸行无常，世间所有的现象无时无刻不在生灭变化，没有恒常的本质；诸法无我，世间所有的事物都相互依存，没有独立的实体。

是的，因果律是如此强大，以至于我们都快忘记人之为人最重要的是拥有自由意志了。但你仍可选择相信《了凡四训》，相信袁了凡的"命由天定，运由己生"。

是的，人间不值得，但还是要过上一过，因为当贾宝玉最终沦为"寒冬噎酸齑，雪夜围破毡"的乞丐，在一片白茫茫的大雪中茕茕孑立、踽踽独行时，忽然想起晴雯撕扇的那个端午节，想起史湘云醉卧芍药裀的那个午后，想起那年春天桃花盛开，自己与林黛玉在树下共读《西厢》的情景，禁不住心头一热，一丝浅笑还是在布满污垢的脸上浮现。

当时明月在，曾照彩云归。

今日欢呼王阳明
——读长篇历史小说《天机破：王阳明》

解玺璋

最近读了吕峥皇皇百余万言的长篇历史小说《天机破：王阳明》。这是一部以传奇手法展现明代思想家、陆王心学的集大成者王阳明至圣之路的鸿篇巨制，作者的想象力是很有些奇异的。

该书固为小说，但情节、人物不能不取自正史，却又不为正史所困囿，而是广采博收，搜奇辑轶，将稗史绯闻、街谈巷议熔于一炉，并加以推演而抒写之。其中虽不乏荒诞奇诡之事，惊世骇俗之举，然而绝不失其现实性和人间烟火气。

尤为可观的是，作者把王阳明悟道成圣的心路历程写得惊心动魄，发人深省。一个活脱脱的人物，披荆斩棘，穿越幽长的心灵暗夜，出现在我们面前，如暗室一炬，驱散了笼罩在我们心头的阴霾。

在这里，作者不仅赋予王阳明一种神圣性，而且标示了人可以达到的精神高度，这让当下以尊重人性、率性而为为理由放纵自己的我们，不能不感到无地自容。

当我沉浸在作者富有魔力的语言所营造的情感世界中的时候，一直在想一个问题：为什么一个生活在距今大约五百年前的人的思想，仍然具有打动我们的精神力量，并使我们产生共鸣？

这个问题也许可以从两个方面去考虑。一是思想、道德、人格修养是否具有超越历史时代的"普世价值"。二是我们这些浑浑噩噩的众生有没有治病疗疾的愿望，愿意不愿意拿王阳明的"心学"试一试。

当然，没有人能给我们药到病除的保票，不能因为明朝社会经济、文化的繁荣，在某种程度上是王阳明"良知"一说，唤醒了人们以朝廷的是非为是非的迷梦，就以为吃下这副药的我们也能有所觉悟。

很多时候，不是药有问题，而是人有问题。

王阳明有一句名言："破山中贼易，破心中贼难。"以前被人曲解为他对农民起义所持的态度，希望从根本上解除农民反抗暴政的思想武装。其实，王阳明所谓"心中贼"，未必不是每个人心中常有的遮蔽了"良知"的私欲。破"心中贼"，就是破除私欲，恢复人的赤子之心，知善恶，知荣辱，重新设定人生的出发点和归宿。

诚如康德所言："位我上者，灿烂星空。道德律令，在我心中。"

梁启超是王阳明学说的推崇者。他曾告诫青年学子，一个人，要为自己的身心寻一个安顿处，要在社会上负起自己的责任，"须是磨炼出强健的心力，不为风波所摇；须是养成崇高的人格，不为毒菌所腐"。而这种精神的养成，在他看来，"最稳当最简捷最易收效果的，当以陆王一派的学问为最合适"。

他从四个方面来说明王阳明学说对于人格修养的有效性。

其一，致良知。简言之，即良心发现。也就是说，我们的良知（良心），由于气禀所拘，人欲所蔽，往往会失去其本然之善，致良知便是把曾经失去的良心找回来，使我们的行为有所依据，所以又说："良心就是你的明师。"

其二，重实验。说到底就是"知行合一"，学问不止于书本，而是推致良知到实际事物上去，解决实际问题。我们看他所取得的军功政绩，或能体会其中的奥妙。

其三，非功利。王阳明的意思不是不要利益，不要事功，而是不肯把个人的毁誉、得失、利害等看得太重，不以物喜，不以己悲。

其四，求自由。这里所说，恐怕不是向外界求自由，求肉体的自由，而是精神的自由，良心的自由，求心安而得大自在。如果放纵自己的肉体，似乎得到自由了，但良心不安，一生一世都在痛苦之中，莫由自拔，反而做了自己躯壳的奴隶，哪里还有自由可言呢？

梁启超所言，固然是要给当时的青年指一条安顿身心的途径，却也揭示了王阳明学说针对当下的现实意义。如果我们还想为自己，为这个民族和国家尽一点责任，不甘心就此堕落下去，成为"天之戮民"，那么，现在请出王阳明，可谓正当其时。

与其抱怨、牢骚而苟活，何不振作精神，求一种更有价值，更有意义的活法？王阳明的一生已经告诉我们，无论社会环境如何不可收拾，道德现状如何难以挽救，总要有人知其不可而为之，先从自己做起，渐次声应气求，扩充到一班朋友，久而久之，便造成一种风气，影响到整个社会，也算是尽了我们的一份力了。在这个意义上，或能体会吕峥写作《天机破：王阳明》的良苦用心。

我们总是得在最窄迫的时间缝隙中和最不合适的心绪之下做出生命中也许最难回头的抉择，总是在最没知觉中做成多年之后才知道何其致命的决定。

山寨生活与现实世界
—— 吕峥对话余世存

地点：北京大学

吕峥：我十年前就是《非常道》的读者。当时在念大学，觉得这本书很好看，体裁新颖，可以随时翻阅。后来随着自己也写书，慢慢意识到，《非常道》是春秋笔法，作者看似没有立场，其实对史料的取舍已经表明了自己的态度。而且，再过一百年，同时代的许多书都会湮没无闻，但《非常道》很可能流传下去，因为它是一本类似于《世说新语》《围炉夜话》的作品，解剖了一个时代的横断面，又比《道咸宦海见闻录》《越缦堂日记》这样的一手史料立意更高，可读性更强。那么请问余老师，当初你的写作动机是什么？

余世存：这个话题很有意思，因为写作者大多希望自己的作品留存得长一点。曾经有人问费孝通先生，说你的《乡土中国》能管多少年？他很肯定地说五十年。他其实说得悲观了一点，因为现在证实，他那本很薄的小册子不只是五十年，而成为理解中国乡土社会绕不过去的一本书。

我觉得这就是有写作尊严、有文字自尊的人对自己的理解，即写一个东西让它能立得住。

至于《非常道》，现在回想起来，我给采访我的人提供过很多说法，但最近想起这个事的时候，又有一种思路，就是这个东西不只是我5年多的读书笔记，它其实已经持续了很长的时间。我在北大念书时开始系统地读史，特别是"文革"史。我是中文系的，看到自己年少时崇拜的一些人在"文革"期间说的话就像小孩子一样，觉得很有意思，特别想把它介绍出来。

通过那些话语再往前追，不难发现原来整个20世纪中国人说的话都很值得我们寻味，或者用批判性的话讲，都是不成熟的。我曾经用一个词"类人孩"来指代这种心理学和社会学意义上的人格。

我们小时候被当作大人在教育，被称为共产主义的接班人、社会的栋梁。而当我们走向社会的时候，又被社会当作小孩子来对待。在工作和生活中，你会发现到处都是不让你做这个，不让你做那个；不让你说这句话，不让你说那句话。你完全变成了一个孩子，或者说传统语境里的"子民"。对此，成龙说过一句很有名的话：中国人需要被管。他的意思是中国人不成熟，像小孩一样，需要一个大家长来管。

前几年我在北太平庄发现行人穿越马路时，每逢红灯便要被一根绳子拦住，等到绿灯时绳子放下来才能通过。也就是说，有的成年人过马路连红绿灯都不会看，必须有人监督他。而社会对成年人的要求，也不过是像孩子一样，希望他会说"请""谢谢""对不起"。你去一些部门办事的时候，发现服务标准就是要窗口学会说这几个字。

我们看现代史的材料，会发现纵使是那些伟人，有时候争执起来就好比孩子打架一般。我一度想把这些材料拿来写一本专著，论证我的"类人孩"理论，即生理长大了，心智上却还是个孩子。但是后来发现没有必要——把材料剪接好，就能表达我的意思。

当然，一本书出版后，关于它的解读就不再专属于作者，而是有它自己的命运。首先，我自认为当年是带有很强的批判性的，而且我在《非常道》的后记里写了，说不认为民国以来的这些人有多了不起。我认可的具备现代文明人格的人很少，只有鲁迅和丁文江等人，大部分人还是泥泞场上的孩子。

但很有意思的是，许多读者反而从书里读出了一种对民国的厚爱，进而产生了一股"民国热"，这其实是对《非常道》的误读。

还有一个问题，当年《新京报》的记者看出来了，说我这本书里有很严肃的东西，有我自己的话，即一个青年人在当下的中国要捍卫人生的阵营。吕峥他也感受到了，就是一个青年人想继承孔子的工作，继承司马迁的工作，写历史要进行审判，要捍卫历史。但可惜更多的人是觉得这本书好玩，故事多，把它当成枕边书。有一些写杂文、写时评的作家，像我知道的五岳散人，他就说给报社赶专栏的话，一时找不到灵感和思路，把《非常道》翻一翻，便能找些写作的素材。

当然，我也非常同意吕峥还有很多人对我这本书的批评，就是认为还差一口气没提上来。但这口气需不需要提，我觉得有必要跟大家做一个分享。

《非常道》不是我自己的文字书。我在编这本书时尽量使用了采编这些材料的作者的文字，所以书的文风很杂，或者说很丰富、不统一，没有体现出我的文字特征。也正因如此，很多人说《非常道》可以算是语文读本，因为它容纳了很多文体。无论文言文还是白话文，抑或半文半白，都可以在这本书里找到，但是跟孔子编的《春秋》还有司马迁写的《史记》那种统一的行文就不能比了，这是一个遗憾。当然，如果是我的文字的话，我可能会把我的喜怒哀乐、情感认知以及我对历史人物的审判表达得更强烈一些。

写当代史会得罪人，写近代史也会得罪人。比如写张学良的时候，他的一个部下，当年已经九十多岁的某将军就给中央军委写信说我侮辱了少帅。其实现在公开的史料对张学良的描述已经越来越接近历史的真实，很少有学者会偏信张的旧部对他的评价。但写作近现代史，尤其是当代史，毕竟会涉及人与人的纠纷。总体而言，我对自己在青年时代编出这么一本书还算满意，虽然留了些遗憾。

我记得当时把书稿交给莫之许的时候，他看完很惊讶，说这本书可以传世了，你潜心几年居然搞出这么个东西。他当即拿去出版，事后也应了他的话——他觉得这本书会很敏感，果然当时只让卖了七个月，五年之后才开禁。

我觉得一个青年人写的东西，留点遗憾也好，只要是他认认真真写成的。就像尼采当年所说：一切人类的文字，他只爱以心血写成的。

吕峥：余老师有没有计划写《非常道3》？《非常道2》是世界史，《非常道1》主要是民国史，《非常道3》做一本当代史，记录20世纪80年代庙堂和知识分子的话语。虽然不可避免地会得罪一些人，有的甚至是你的朋友，但可能更有价值，意义非凡。

余世存：这个工作我觉得应该由吕峥这样的人来做，我自己做不了。《非常道1》和《非常道2》出版后，很多人问我会不会出《非常道3》，我说写不了，因为这其实是一个苦力活，我现在的精力和体力都不够了，这是跟大家说的实话。我特别赞成有些人对他的学生讲，说趁你年轻，把该读的书都读了。写书更是如此，只有趁年轻把你想写的书写出来，才不会留下太多遗憾。如果十年前不编《非常道》，从上大学到当时，读过的那些史料就完全烂在肚子里了，肯定是个遗憾，人要受制于自己的生理年龄。到了一个生理周期，就不能做一些事情，很多时候是不由自主的。

我记得编《非常道1》的时候还没有感觉，有一个星期的时间，每天只睡三四个小时，根本睡不着，很兴奋。那么多的卡片和段子，你总想给它安排一个秩序。一两千张卡片相当于一两千个人，一两千段故事。完全是个体力活，当然也可以说是脑力活，所以搞了一周我就觉得受不了，只想睡觉。

后来我编《非常道2》的时候，发现这种工作不能干了，写自己能写的书就行了。

《非常道》出来后，很多人见了我就说你确立了一种标杆，即哪些人的语言和行为可以载入《非常道》，入了就相当于入了历史。他们会告诉我说最近谁谁谁说了一句话，可以写进你的书里。十年间有好多人向我推荐，但是我都表示无可奈何，说做不了这个工作。

前两年流行一个热词：赵家人。很多人都说这个词最值得入《非常道》，但是我已经做不来了，由更年轻的朋友做这个工作最好。所以我希望吕峥来写当代史，不仅仅是写20世纪80年代的历史。当然80年代非常精彩，从我的经验感受来讲，比现在年轻人的生活要丰富一些。那时大学校园里分很多学派，有托派（考托福的）、麻派（打麻将的）、舞派（整天跳舞的），还有关心时政、关心哲学问题的。而且一有不满，就在教室和寝室里敲敲打打。饭盆一敲，便能在校园里游行示威，完全是青春的冲动，热血沸腾。

从这个意义上讲，80年代不仅仅是大学生活，整个社会都充满了朝气，值得记录。我记得何家栋老先生有一次跟我回忆80年代，讲了很多事儿，比如他当过《工人日报》的总编辑，写过一本回忆录《把一切献给党》，还写过赵一曼。就是这么一个人，在80年代参与了启蒙运动。

80年代的知识分子圈很有意思，比如许良英。许先生是研究爱因斯坦的专家，也是中国科学院的科学家。他就瞧不上何家栋，说何家栋都能出名，把我们置于何地？把这些话题联系到一起，是非常有趣的。

何家栋曾跟我讲，说80年代的中央理论务虚会特别值得一写，它很像汉代的盐铁会议，确立国策。何家栋说那次会议是对中国国策的一次重大改变，从此政治家和知识分子之间发生了断裂，政治家不再听学者的了。当初，学者给政治家出的主意是补课，补西方资本主义这一课，但他们并没有想到更完善的办法，所以补到最后，结果就是分道扬镳。

治统没有受益于道统，那你道统在治统面前永远是矮人一头的，它可以抛开你自己一条道走到黑。这些话是何家栋跟我说的，我后来编《战略与管理》的时候也意识到了这个问题，就是说中国能真正为国家出谋划策的人特别少，无论是过去的帝王师还是现在的治国专家。所以当政治家遇到困惑或走投无路时，他发现知识分子当中没有人想那些事，或者出的主意还不如他自己想的，自然就越发看不起知识分子，一意孤行去走自己的路了。比如当年有个专家曾经很动感情地对我说，小余你知道我的情况，你也很佩服我。我对国内各个方面的公共领域都有自己的调查、见解和治理办法，怎么改革大学教育，怎么建立长江工业带，都有办法，但是没人听。不仅仅是没人听，像他这样的人在国内还凤毛麟角，算来算去不到一个巴掌。我说国外有多少？他说韩国那么小的国家，像他这样的人都有三四百，所以当政治家想找寻国家的发展路径时，有几百条道路供他们选择。

一个国家的转型与发展需要文化资源和理论资源，就像我以前一再提醒大家的，说中国的知识分子老去羡慕英国和美国的革命，认为他们是光荣革命，流血很少，社会动荡很少。但是我说你们有没有注意到，英国革命前有苏格兰起义运动，美国革命前有《联邦党人文集》和《常识》。也就是说在它革命前都会有知识分子和文化人给它的社会转型提供背书和理论资源，但在中国这种现象特别少。辛亥革命爆发五年后才有"新文化运动"，九年后才有"五四运动"。政治家想要做事或起事时，发现没有办法。于是孙中山只好自己写书，搞出一个《建国方略》。

吕峥要写80年代的话，其实可以把这个背景考虑进去。就是理论家提供的主意很差，所以政治家不予考虑。而且当改革开放开始以后，理论家还是没能为这个社会的价值开放提供一个正当的、社会认可的说法。

吕峥：余老师曾追随李慎之先生，他的《风雨苍黄五十年》是一篇影响深远的重要文章。读完后回首20世纪的中国史，让人有一种"虚空大梦"的荒诞感，就像人活了一辈子，已到弥留之际，忽然有人告诉你说其实你一生都活在一个名叫《楚门的世界》的真人秀节目里，所有的人和事都是假的。对他们那一代真正有家国情怀的理想主义者来说，没有什么比这更幻灭更痛苦更令人质疑存在的真实性了。所以我想请问余老师，20世纪的中国故事是否就是一场从理想主义到经验主义的嬗变？今天我们站在人工智能时代的大门口，目睹人的价值被权力、资本和技术稀释，应该选择怎样的生活方式？

余世存：20世纪的中国确实走了一条弯路，就像很多工人说的，辛辛苦苦几十年，一夜回到解放前。理想主义回归经验主义，会不会继续走这条路？我觉得也不是。理想仍然是一个人、一个国家、一个民族时时应该具备的东西，也是它能经常焕发青春活力的因素。

如果用《易经》里的话来讲，我们现在处在"贞"的阶段，需要贞下起元。等你到了"元"的时候，一元复始万象更新，你又会充满了理想、激情和活力。

不过，20世纪的中国还有一个观察角度，就是我们一直在提供材料，还没有为世界提供形式。《非常道》也一样，只是材料的堆积，没有给这个世界和世界的知识体系提供新的形式。提供形式意味着有魂、有主线、有价值观念。

这是我回答吕峥的第一个问题。第二个问题让我想到了一个网友的感慨，说"阿尔法狗"打败了人，而且到了2045年的时候，技术可以把人的精神和意识上传到互联网上去，不再依靠肉身，实现个体的永生。届时，生活在我们周围的可能不仅是机器人，还有很多永生人。

老子在《道德经》里感叹我之大患在我"有生"，若我不是人，我有何患？他的感慨，在 2045 年就有可能实现。

一方面，我们不断接受这些前沿的信息，另一方面我们身边又有那么多低下的、卑微的生存现实。面对这种撕裂的现状，我们应该选择什么样的生活方式？

今天给大家提供一个框架：时间和空间。时间有春夏秋冬，空间有东南西北。年轻人在人生的时间中处于夏天这个位置。夏天很有意思，夏天的味道是什么？任何事物都有自己的时间属性和空间属性，味道也一样。比如酸味的时间属性是春天，酸味的空间属性是东方，所以你们看中国人也好，韩国人也罢，做泡菜多是一流的。

那么夏天和南方的味道是什么呢？是苦味。所以夏天出产苦瓜和苦菜，还有到广东吃饭的时候你会发现他喜欢搁糖，因为他的食物以苦性为主。

夏天和南方的属性中还有一个表现形式，就是青年人。所以青年人必须吃苦，不吃苦的富二代和官二代很快会夭折，苦难是能够帮助一个青年人迅速成长起来的重要手段。

经历了苦行和苦修的阶段，年轻人才能进入秋天收获的季节，进入西方，即有财产和权利意识。西方的味道是辛辣，有杀伐之气。了解时空的差异和序列，会对人生思考有一定的帮助。

当然，青年人不仅要站在南方思考，站在夏天思考，也应该到北方来，因为北面是一个集大成的位置。北面的时间属性是冬天，回望一年四季，看得清清楚楚，一目了然。

而从另一个系统来讲，就是我们常说的"士农工商"，它的序列正好对应冬天、春天、夏天和秋天。

春天农民要播种；夏天万物生长，工人忙碌；秋天是商人收获的时节；冬天则是士大夫、读书人的好日子，在屋里点一盆炉火就可以静静地看书。

中国的四民结构正好分占时空系统的四个维度。年轻人不但要吃苦，吃的苦里读书还要占很大一部分，因为他得站在一个最高位来理解人生。

我跟一个哈佛大学的教授交流时，他说自罗尔斯写《正义论》以来，西方的政治哲学包括价值哲学已经发生了很大的变化，跟中国人理解和认识的西方社会有所差异或者说更为丰富。

他说要继续研究有价值的东西，要研究这个时代什么才是个体的人生价值。我问他研究成果是什么？他说其实我从老百姓的日用生活中就能抽象概括出来什么是现代人的人生价值。

他说的第一个词是学习。学习的价值在西方现在被尊奉为第一价值，大部分人都认可。其实在东方也一样。孔子死后，他的弟子想来想去，把他生前说过的话整理了一遍，还是将"学而时习之，不亦乐乎"放在首位。由此可见，学习是一个至高的价值。

还有其他的价值，比如安全、信任以及公益。在中国，这四大价值目前实现得还不充分。虽然社会在倡导公益，但真正身体力行的人并不算多。

我自己也一样，经常感到遗憾，觉得作为一个 80 年代毕业的大学生，这么多年的思想历程也走过弯路，但好在我能不断地学习和思考。对我个人而言，这非常有用，让我觉得活得踏实。同时，如果那些思考能帮助到其他人，那我就更加满足了。

回到吕峥的问题，在技术、权力和资本压迫人性的年代，选择什么样的生活方式？我觉得一方面要对权力、资本以及技术的游戏不陌生，另一方面也应该拥有自己的学习生活，这样才能更好地理解这个世界。